Fit in 30 Minuten

Christiane Sauer & Dirk Konnertz

Power-Gedächtnis

Uli Kißling & Dirk Konnertz

Schneller rechnen

Bibliographische Information Der Deutschen Bibliothek
Die Deutsche Bibliothek verzeichnet diese Publikation in der Deutschen Nationalbibliographie; detaillierte bibliographische Daten sind im Internet über http://dnb.ddb.de abrufbar.

Herausgeber: Das LernTeam, Marburg
Lektorat: Astrid Hansel, Frankfurt/Main
Layout, Illustrationen, Titel: Ulf Marckwort, Kassel
Layout, Satz: Frank Werner, Kassel
Druck: Gutmann + Co. GmbH, 74388 Talheim

Lizenzausgabe für Ernst Klett Verlag GmbH

Gabal Verlag GmbH, Schumannstr. 163, D-63069 Offenbach,
Telefon 069/830066-0, Telefax 069/830066-66

Printed in Germany

ISBN 3-12-920228-5

In 30 Minuten auf die Überholspur!

Dieses Buch ist so konzipiert worden, dass du in kurzer Zeit erfährst, wie erfolgreiches Lernen funktioniert und wie du deine Rechengeschwindigkeit erhöhen kannst.

- Jedes Kapitel beginnt mit drei zentralen Fragen, die im Verlauf des jeweiligen Kapitels beantwortet werden.
- Nach jedem Kapitel werden die wichtigsten Inhalte noch einmal zusammengefasst.

Da dieses Buch so klar und deutlich strukturiert ist, kannst du es immer wieder zur Hand nehmen, um schnell die für dich interessanten Teile zu wiederholen. Die Stichwortregister werden dir dabei eine zusätzliche Hilfe sein.

Inhalt

Inhalt

Hallo und herzlich willkommen!

„Zu verlangen, dass einer alles, was er je gelesen, behalten hätte, ist wie verlangen, dass er alles, was er je gegessen hätte, noch bei sich trüge."

Dieser Satz des Philosophen Arthur Schopenhauer spielt auf eine wichtige Eigenschaft unsers Gedächtnisses an: das Vergessen. Würde ein Mensch die vielen Informationen, die jeden Tag auf ihn einstürmen, im Gedächtnis abspeichern, dann würde er bereits nach kurzer Zeit vor dem totalen Kollaps stehen. Davor bewahrt uns unser Gedächtnis, indem es in Sekundenschnelle darüber entscheidet, was es behalten und was es wieder vergessen will. Allerdings liegt auch gerade hier das Problem!

Also – was ist zu tun, damit dein Gedächtnis nicht ausgerechnet die wichtigen Englischvokabeln oder Matheformeln für die nächste Klassenarbeit vergisst? Wie kannst du schneller viele Informationen auf einmal in deinem Gedächtnis abspeichern?

Und wie kannst du in Zukunft nicht nur besser, sondern vor allem mit wesentlich mehr Spaß ans Lernen gehen? Auf diese und weitere Fragen rund um das Gedächtnis wirst du in diesem Buch viele Antworten in Form von interessanten, pfiffigen und erstaunlichen Lerntipps finden. Probier die verschiedenen Techniken einfach einmal aus, und du wirst bald merken, wie dein Gedächtnis sich zu einem wahren Power-Gedächtnis entwickelt!

Aufbau des Buches

- In *Kapitel 1* erhältst du zunächst einige wichtige Informationen über die Funktionsweise deiner beiden Gehirnhälften und deines Gedächtnisses.
- In *Kapitel 2* erfährst du dann, wie du Lernstoff gehirngerecht lernen, wiederholen und dauerhaft abspeichern kannst.
- In *Kapitel 3* zeigen wir dir, wie du dein Gedächtnis „überlisten" und deinen Gedächtnis-Turbo einschalten kannst. Mit den vorgestellten Techniken wird es dir wesentlich leichter fallen, innerhalb kurzer Zeit viele Informationen auf einmal zu lernen und dich optimal auf Klassenarbeiten vorzubereiten.
- In *Kapitel 4* erhältst du schließlich noch einige interessante und lustige Trainings-Tipps, damit aus deinen „kleinen grauen Zellen" bald ein Power-Gedächtnis wird.

Viel Spaß und Erfolg wünschen dir

Christiane Sauer & Dirk Konnertz
(www.lernteam.de)

1. Der Weg ins Langzeitgedächtnis

Wie ist das Gehirn aufgebaut?

Wie gelangt das Gelernte ins Langzeitgedächtnis?

Warum kann man sich manche Informationen nur schwer oder gar nicht merken?

Hast du dich schon einmal gefragt, warum du trotz stundenlangem Lernen viel bald wieder vergessen hast? Manche Wörter oder auch Zahlen und Fakten kannst du nur mit großer Anstregung bis zur nächsten Klassenarbeit behalten, oder sie wollen erst gar nicht in deinem Gedächtnis bleiben. Woran liegt das? Und wie ist es angesichts dieser „Lernqualen" zu erklären, dass dein Klassenkamerad neue Vokabeln viel leichter lernt oder z. B. ein Bühnenschauspieler seinen Text mühelos behalten kann?

Die Antwort auf diese Fragen hat zum Glück nichts mit der Größe des Gehirns zu tun, denn dann wäre uns ein Elefant, dessen Gehirn über 5.000 Gramm wiegt, geistig weit überlegen. Das ist er aber nicht, obwohl das menschliche Gehirn im Durchschnitt nur 1.500–1.600 Gramm wiegt. Das „Geheimnis" des menschlichen Gehirns liegt vielmehr in seiner Struktur und Organisation, die uns zu fast unglaublichen Spitzenleistungen befähigt.
Vielleicht hast du im Fernsehen schon einmal Gedächtniskünstler beobachtet, die innerhalb kurzer Zeit z. B. eine schier endlose Zahlenreihe oder Wortliste auswendig lernen können. Dabei haben weder diese Künstler noch der schlaue Klassenkamerad oder der Schauspieler magische Fähigkeiten. Sie nutzen nur einfach auf sehr kluge Weise die Fähigkeiten ihres Gehirns. Ein kurzer Blick auf die Struktur des Gehirns ist also sicher lohnenswert.

gedächtnis

Die linke und die rechte Gehirnhälfte

LINKE GEHIRNHÄLFTE

VERARBEITET INFORMATIONEN NACHEINANDER

NIMMT EINZELHEITEN WAHR (Z.B. DAS BLATT)

DENKT LOGISCH

ANALYSIERT

STELLT REGELN AUF

VERMEIDET FEHLER

SPRICHT VERBAL

HÖRT DETAILLIERT

LIEST

SCHREIBT

RECHNET

PLANT

ORDNET

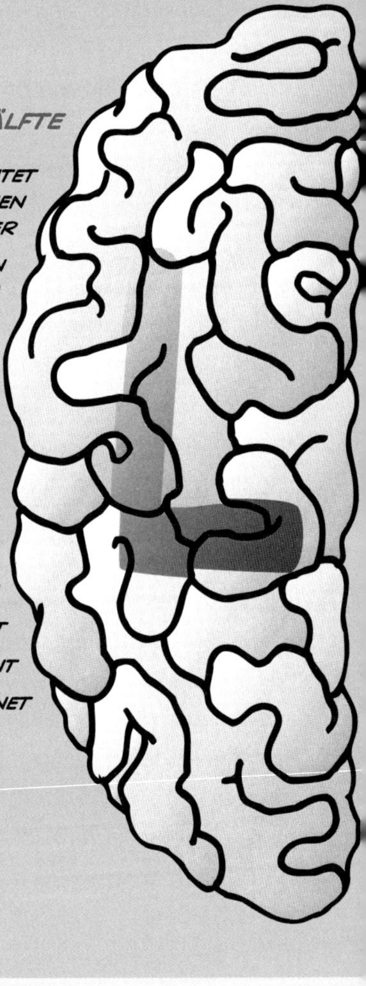

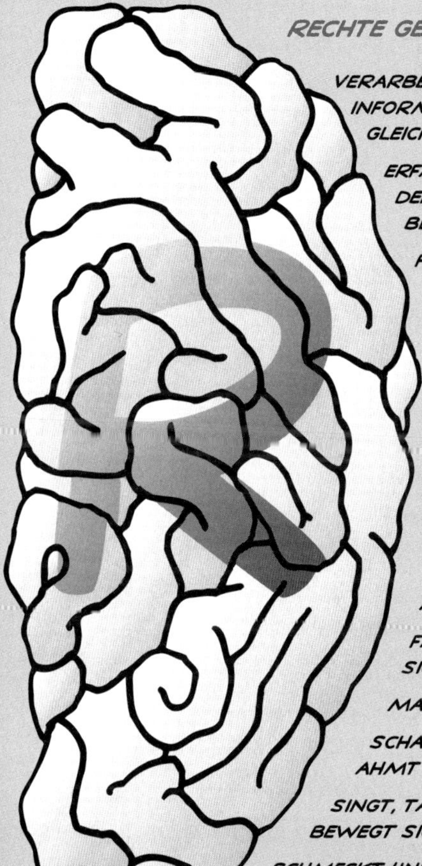

RECHTE GEHIRNHÄLFTE

VERARBEITET INFORMATIONEN GLEICHZEITIG

ERFASST DAS GANZE, HAT DEN ÜBERBLICK (Z.B. DIE BLUME)

FÜHLT UND TRÄUMT

IST SPONTAN UND NEUGIERIG

BRICHT REGELN

SPEKULIERT, WILL DAS RISIKO

VERWENDET NON-VERBALE KÖRPERSPRACHE (GESTIK, MIMIK)

IST INTERESSIERT AM KLANG

FANTASIERT, STELLT SICH BILDER VOR

MALT, ZEICHNET

SCHAUSPIELERT, AHMT NACH

SINGT, TANZT, BEWEGT SICH

SCHMECKT UND RIECHT

1981 erhielt der amerikanische Neurophysiologe Roger Sperry für seine Entdeckungen über das menschliche Gehirn den Nobelpreis für Medizin. Er fand in jahrelanger Forschungsarbeit heraus, dass die linke bzw. rechte Großhirnhälfte jeweils für bestimmte Fähigkeiten, Wahrnehmungen und Tätigkeiten verantwortlich ist. Die Grafik auf den beiden vorigen Seiten soll dir diese Arbeitsteilung modellhaft verdeutlichen.
Sperrys Testergebnisse trugen maßgeblich dazu bei, dass sich das Verständnis über die Funktionsweise des menschliche Gehirns änderte. Damit ist Sperry einer der Wegbereiter für eine Vielzahl von gehirngerechten Lern- und Arbeitstechniken geworden.

Die Dominanz der linken Gehirnhälfte

Welche Gehirnhälfte du z. B. bei der Lösung einer Aufgabe einsetzt, entscheidet sich innerhalb von Sekundenbruchteilen. Diese Entscheidung ist u. a. stark beeinflusst von deiner Erziehung und Schulausbildung. Wenn du dir das Gehirnmodell genau anschaust, wirst du schnell bemerken, dass in unserer westlichen Gesellschaft – also auch in unseren Schulen – die linke Gehirnhälfte oft bevorzugt wird. Das kann dazu führen, dass die vor allem auch für den Alltag wichtigen Fähigkeiten der rechten Gehirnhälfte verkümmern.
Abgesehen davon kostet das einseitig links-hirnige Lernen wesentlich mehr Energie und Zeit, da du ja nur mit halber Kraft lernst.

Teste dich selbst – bist du eher ein links- oder ein rechtshirniger Typ?

Das folgende kleine Experiment kann dir zeigen, welche Gehirnhälfte du bevorzugt einsetzt. Lies dir den folgenden Text einmal durch und versuche ihn dann auswendig zu wiederholen:

„Ein Zweibein sitzt auf einem Dreibein und isst ein Einbein. Da kommt ein Vierbein und nimmt dem Zweibein das Einbein weg. Da nimmt das Zweibein das Dreibein und schlägt das Vierbein." (nach V. F. Birkenbihl)

Konntest du den Satz sofort wiederholen? Wenn ja, dann hast du beim Lesen (linke Gehirnhälfte) gleichzeitig die bildliche Vorstellungskraft deiner rechten Gehirnhälfte genutzt und dir für das Einbein, Zweibein, Dreibein und Vierbein z. B. ein Hühnerbein, einen Menschen, einen Schemel und einen Hund vor deinem inneren Auge vorgestellt.

Volle Kraft voraus mit beiden Gehirnhälften

Wie das Experiment zeigt, arbeitet dein Gedächtnis schneller und leichter, wenn du die Fähigkeiten deiner beiden Gehirnhälften sinnvoll nutzt.

Die in diesem Buch vorgestellten Lerntechniken für ein Power-Gedächtnis funktionieren genau nach diesem Prinzip.

Vom Ultrakurzzeit- ins Langzeitgedächtnis

Eine wichtige Funktion des Gedächtnisses ist „leider" das Vergessen. Der folgende kleine Test soll dir diese Tatsache veranschaulichen:

Ein kleiner Zahlentest

Lies dir die erste der folgenden drei Zahlenreihen in normalem Tempo und gleich bleibendem Rhythmus einmal vor oder lass sie dir von einer zweiten Person einmal vorlesen. Danach klapp das Buch zu und schreib die Zahlen aus dem Gedächtnis der Reihe nach auf. Wiederhol diesen Vorgang anschließend mit der zweiten und dritten Zahlenreihe.

6 Zahlen: 3, 5, 14, 1, 9, 18

9 Zahlen: 8, 17, 2, 12, 6, 15, 0, 23, 3

12 Zahlen: 13, 7, 10, 21, 4, 12, 9, 5, 3, 11, 2, 19

Wahrscheinlich hast du die erste Zahlenreihe leicht erinnern können, von der zweiten Reihe konntest du hingegen nur ca. fünf bis sieben Zahlen aufzählen und bei der dritten Reihe hat dein Gedächtnis vermutlich gestreikt und du hast vielleicht sogar weniger als fünf Zahlen behalten. Aber keine Sorge, dein „Gedächtnisschwund" hat nichts mit mangelnder Intelligenz zu tun. Vielmehr hat dein Gedächtnis klug gehandelt und dich gegen überflüssigen „Gedächtnismüll" geschützt, indem es unbrauchbare Informationen einfach wieder vergessen hat.

Wie diese scheinbare Aufnahmebeschränkung von ca. fünf bis sieben Informationen zu erklären ist, lässt sich durch einen Blick auf die Funktionsweise des menschlichen Gedächtnisses erklären. Jede Information, z. B. eine Vokabel, muss drei Filter durchlaufen, bis sie so fest im Gedächtnis verankert ist, dass sie nicht mehr vergessen werden kann.

Erster Filter: Das Ultrakurzzeitgedächtnis (UKZG)

Die Aufnahmebeschränkung von ca. sechs voneinander unabhängigen Informationen bezieht sich im Wesentlichen auf diesen ersten Filter. Nur etwa 20 Sekunden bewegen sich die einzelnen Informationen in Form von schwachen elektrischen Strömen in deinem Gehirn. Danach entscheidet sich, ob sie wieder vergessen werden oder in den nächsten Filter wandern.

Unbrauchbar oder nur schwer zu behalten sind Informationen für das UKZG z. B. dann, wenn sie für dich uninteressant oder unverständlich sind, wenn du zu viele Informationen in zu kurzer Zeit lernen willst oder gestört wirst.

Zweiter Filter: Das Kurzzeitgedächtnis (KZG)

Hat eine Information den ersten Filter überstanden, dann befindet sie sich im KZG, wo sie ca. 20 Minuten bleibt. Während dieser Zeit werden in deinem Gehirn neue und festere Nervenbahnen angelegt, die für die Speicherung und Weiterleitung der neu gelernten Informationen zuständig sind. Dieser wichtige Vorgang kann jedoch auch unterbrochen werden, z. B. durch einen Schock oder auch einfach durch fehlende oder falsche Wiederholung des Lernstoffs.

Dritter Filter: Das Langzeitgedächtnis (LZG)
Hat eine Information den Weg in das LZG erst einmal gefunden, dann ist sie dort auch für immer abgespeichert. Trotzdem ist es möglich, dass du auch diese Informationen nicht immer sofort abrufen kannst. Sicherlich ist dir das schon mit Vokabeln passiert, deren Übersetzung du eigentlich einmal genau gewusst hast, die dir aber später einfach nicht mehr einfallen wollten. Damit dein Gedächtnis die Wege zum gespeicherten Wissen gut finden kann, ist es wichtig, dass du den Lernstoff regelmäßig wiederholst. (Lies dazu Seite 28 f.) Denn je fester und verzweigter die einzelnen Gehirnzellen miteinander verbunden sind, umso sicherer findet dein Gedächtnis den gelernten Stoff auch wieder.

In den folgenden Kapiteln dieses Buches wollen wir dir nun eine Menge sinnvoller Tipps und Lerntechniken vorstellen, die dir helfen werden, gehirn-gerechter und damit schneller und leichter zu lernen. Was dein Power-Gedächnis bei „fachgerechter Nutzung“ alles leisten kann, wird sicher nicht nur dich in Staunen versetzen.

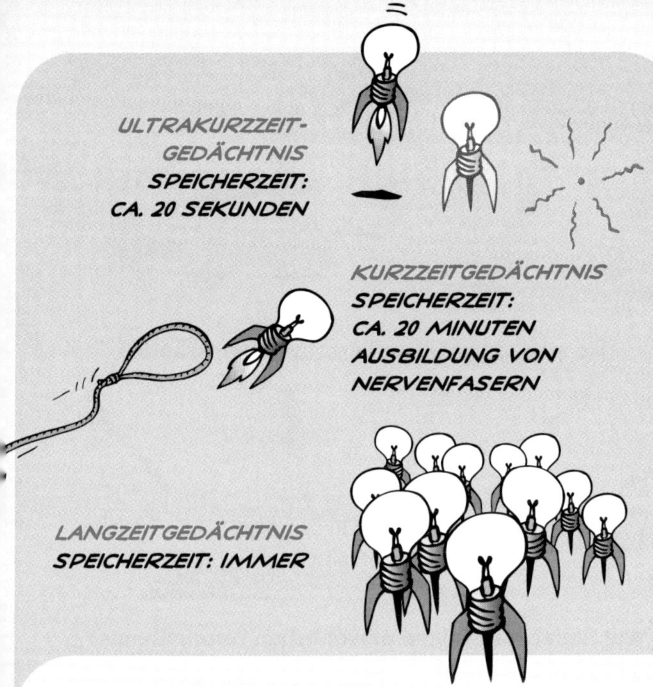

Zusammenfassung

- **Die erfolgreiche Speicherung von Wissensinhalten hängt vor allem davon ab, wie gut du die Funktionsweise deines Gehirnes und Gedächtnisses kennst.**
- **Mit voller Kraft lernst du z. B. erst dann, wenn du die Fähigkeiten beider Gehirnhälften beim Lernen sinnvoll miteinander verbindest.**
- **Außerdem solltest du wissen, dass jeder Lernstoff erst verschiedene Gedächtnisfilter durchlaufen muss, bevor er sicher im Langzeitgedächtnis abgespeichert werden kann.**

2. Lernstoff erfolgreich abspeichern

Wie wird langweiliger Lernstoff interessanter?

Wie findet man seinen persönlichen Lernrhythmus?

Was ist zu tun, wenn Angst und Stress das Lernen zur Qual machen?

Alle Gehirnzellen und die sie verbindenden Nervenfasern zusammengenommen ergeben eine Strecke von ca. 500.000 Kilometer Länge. Das ist weiter als die Entfernung von der Erde zum Mond! Damit steht dem Menschen ein gigantischer und sehr flexibler Denkapparat zur Verfügung. Das Gehirn kann z. B. beim Sport sehr schnell auf neue Situationen reagieren und dazulernen.

Wissenschaftler haben dazu interessante Dinge herausgefunden: Die Hirnregion, die bei rechtshändigen Violinisten und Cellisten die linke Hand repräsentiert, ist um 30 Prozent größer als bei Nicht-Musikern. Für die Feinabstimmung der Finger werden nämlich viel mehr Nervenzellen gebraucht. Bei einem Taxifahrer sind hingegen die Regionen im Gehirn besonders gut ausgebildet, in denen sich das Ortsgedächtnis befindet. Bei jeder Fahrt greift der Taxifahrer auf dieses Wissen zurück und baut es bei neuen Fahrtstecken weiter aus. Offenbar können aber auch die gleichen Gehirnregionen für verschiedene Tätigkeiten genutzt werden. So benutzt z. B. ein Blinder zum Lesen der Blindenschrift die gleichen Regionen wie ein sehender Mensch beim Lesen. Das Gehirn kann hier also vom Sehsinn auf den Tastsinn umstellen.

Übrigens: Forscher haben herausgefunden, dass vor und während der Pubertät einige Hirnteile enorm wachsen. Gute Voraussetzungen also für dein Power-Gedächtnis!

Mehrkanaliges Lernen

Wahrscheinlich hast du schon einmal die Erfahrung gemacht, dass du dich an eine gesuchte Vokabel oder eine bestimmte Information erst dann wieder erinnerst, wenn du die Seite im Buch oder im Heft, auf der die Vokabel oder Information geschrieben steht, genau vor deinem inneren Auge sehen kannst. Ein vergleichbares Phänomen ist, dass z. B. beim Hören eines alten Liedes plötzlich wieder vergangene Gefühle und Bilder wachgerufen werden oder dass du mit dem Geruch von Schokoladenkuchen z. B. das Bild von deiner Oma beim Kuchenbacken und den Geschmack des Kuchens verbindest.

Verknüpfung der Gedächtnisinhalte

Dieses Verhalten des menschlichen Gedächtnisses ist damit zu erklären, dass bestimmte Gedächtnisinhalte eng miteinander verknüpft sind. Aufgenommen werden diese Inhalte über unsere Wahrnehmungskanäle – die fünf Sinne:

- das Sehen (visueller Sinn)
- das Hören (auditiver Sinn)
- das Fühlen (kinästhetischer Sinn)
- das Riechen (olfaktorischer Sinn)
- das Schmecken (gustatorischer Sinn).

Je mehr Sinne bzw. Wahrnehmungskanäle an einer Erfahrung beteiligt sind, umso schneller speichert dein Gedächtnis diese neuen Inhalte ab und umso leichter sind sie auch später wieder auf verschiedenen Wegen abrufbar. Beim Lernen von Vokabeln und anderem Lernstoff kannst du diese Eigenschaften deines Gedächtnisses gut nutzen!

Einsatz von linker und rechter Gehirnhälfte

Wie du auf den Seiten 12 und 13 lesen kannst, verteilen sich deine Wahrnehmungs- bzw. Lernkanäle auf die linke und rechte Gehirnhälfte. Um deine Gedächtnisleistungen voll auszunutzen, solltest du beim Lernen also möglichst viele Fähigkeiten der beiden Gehirnhälften miteinander verbinden. Das folgende Gedicht kannst du mühelos behalten, wenn du den Text beim Lesen laut mitsprichst, dir bildlich vorstellst, was in der Geschichte passiert, und dies wie ein Schauspieler mit Gestik und Mimik darstellst.

Übung

ottos mops

ottos mops trotzt
otto: fort mops fort
ottos mops hopst fort
otto: so so

otto holt koks
otto holt obst
otto horcht
otto: mops, mops
otto hofft

ottos mops klopft
otto: komm, mops, komm
ottos mops kommt
ottos mops kotzt
otto: ogottogott

Ernst Jandl; Der künstliche Baum

Richtig Vokabeln lernen

Vokabeln lernen kann sehr langweilig und mühselig sein – muss es aber nicht! Auch beim Lernen von Vokabeln kannst du viel Zeit und Mühe sparen, wenn du mehrkanalig lernst, also die Fähigkeiten der linken und rechten Gehirnhälfte miteinander verbindest. Das macht nicht nur mehr Spaß, sondern die gelernten Vokabeln werden auf diese Weise auch sicher in deinem Langzeitgedächtnis verankert.

Eine englische Vokabel, z. B. „chives" (Schnittlauch), kannst du lernen, indem du

- sie auf Kassette sprichst und wiederholt abhörst
- sie dir selber laut vorliest
- sie schreiben übst
- sie einem Themengebiet zuordnest („herb", Kraut)
- sie dir bildlich vorstellst oder eine Zeichnung anfertigst
- dir einen Geschmack oder Geruch dazu vorstellst oder ein Gefühl damit verbindest
- sie wenn möglich pantomimisch, also mit Gestik und Mimik, darstellst (z. B. Schnittlauch in kleine Stücke schneiden).

Die richtigen Lernportionen

Hast du den Zahlentest auf der Seite 16 ausprobiert? Falls noch nicht, dann solltest du dies jetzt unbedingt nachholen, bevor du weiterliest!

Nicht mehr als fünf bis sieben Infos auf einmal

Der Zahlentest hat gezeigt, dass dein Ultrakurzzeitgedächtnis – der erste Filter auf dem Weg zum Langzeitgedächtnis – nicht mehr als fünf bis sieben voneinander unabhängige Informationen speichern und in den zweiten Filter, das Kurzzeitgedächtnis, weiterleiten kann. Wenn du z. B. zehn Vokabeln auf einmal lernst, ist die Wahrscheinlichkeit also groß, dass du die Hälfte davon umsonst gelernt hast, weil sie dein Gedächtnis schnell wieder als unsinnige Informationen einstufen und entsorgen wird.

Lernen in kleinen Lernpaketen

Was kannst du nun aber tun, wenn du z. B. von einem auf den nächsten Tag 30 Vokabeln lernen musst?
Am besten teilst du die Vokabeln in sechs kleine Lernpakete zu je fünf Vokabeln auf. Diese kleinen Pakete lernst dann über den Tag verteilt. Zwischendurch solltest du ausreichend Pausen machen und andere Dinge oder Aufgaben erledigen. Am Abend, wenn du alle Vokabeln gelernt hast, kannst du sie vor dem Schlafengehen noch einmal wiederholen.

Lernpausen einlegen

Grundsätzlich ist beim Lernen der kluge Wechsel zwischen Lerneinheiten und Pausen sehr wichtig. Dein Gedächtnis funktioniert nur dann optimal, wenn du beim Lernen 100%ig konzentriert bist. Mit zunehmenden Alter steigt zwar die Konzentrationsdauer, aber spätestens nach 30 Minuten ist eine kurze Pause nötig, damit du anschließend wieder mit voller Kraft weiterarbeiten kannst.

Die Konzentrationsdauer je nach Alter

Die durchschnittliche Konzentrationsdauer beträgt:

5 – 7 Jahre	ca. 15 Minuten
8 – 9 Jahre	ca. 20 Minuten
10 – 12 Jahre	ca. 25 Minuten
ab 12 Jahren	ca. 30 Minuten

Konzentrationsfähigkeit pro Stunde

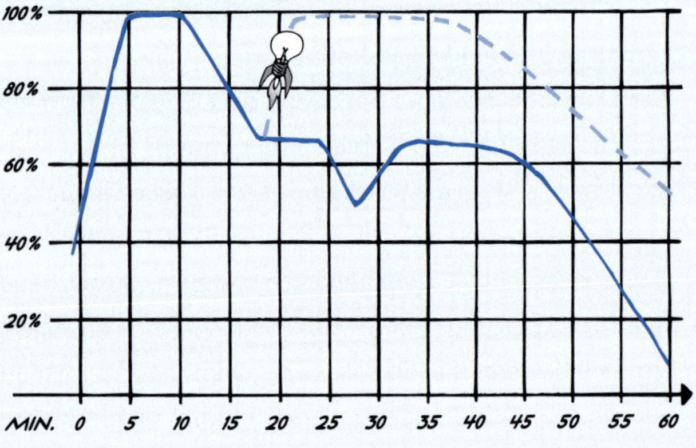

Pausenplanung und Pausengestaltung

Jeder Sportler braucht nach einer anstrengenden Trainingseinheit eine Pause, damit sich sein Körper ausruhen und neue Energie für die nächste Trainingsrunde sammeln kann. Je besser die Trainingseinheiten und Pausen zeitlich aufeinander abgestimmt sind und je sinnvoller die Pausen verbracht werden, z. B. mit Massagen, Entspannungsübungen oder gesundem Essen, umso besser kann sich der Körper erholen.

So ähnlich ist das auch mit deinem Gehirn. Bei einer guten Pausenplanung ist dein Gehirn über lange Zeit sehr leistungsfähig. Wichtig dabei ist, dass die Pausen mit zunehmender Lerndauer langsam immer länger und die Lerneinheiten immer kürzer werden. Außerdem solltest du darauf achten, dass du die Pausen sinnvoll verbringst. So könnte dein „Trainingsplan" z. B. aussehen:

Ein Lernnachmittag

1. LERNEINHEIT	30 MINUTEN
PAUSE (APFEL ESSEN, ZIMMER LÜFTEN)	3 MINUTEN
2. LERNEINHEIT	25 MINUTEN
PAUSE (MIT DEM HUND GASSI GEHEN)	10 MINUTEN
3. LERNEINHEIT	20 MINUTEN
PAUSE (BANANE ESSEN, RAD FAHREN)	15 MINUTEN
4. LERNEINHEIT	15 MINUTEN

So wiederholst du richtig

Bei wissenschaftlichen Untersuchungen hat man herausgefunden, dass die reine Wiederholung von Lernstoff fast keine Festigung im Gedächtnis zur Folge hat. „Stimmt", wirst du jetzt sagen, „ich hab's ja gewusst. Wiederholen ist nicht nur langweilig, sondern bringt auch nichts."

Andererseits hast du wahrscheinlich aber auch festgestellt, dass nach einmaligem Lernen der Unterrichtsstoff oft noch viel zu wackelig abgespeichert ist, um ihn bei der nächsten Klassenarbeit sicher abfragen zu können. Also, was ist zu tun, damit du in Zukunft deinen Lernstoff effektiver und mit mehr Spaß wiederholen kannst?

Wiederholen auf vielfältige Weise

Am uneffektivsten ist das Wiederholen dann, wenn du nur einen Lernkanal dabei benutzt. Vor allem die Wiederholung durch ständiges Lesen, z. B. beim Vokabellernen, ist fast umsonst. Mehr bringt es, wenn du

- möglichst viele Lernkanäle dabei benutzt (S. 24)
- eine Zusammenfassung schreibst
- eine Übersichtsskizze zeichnest, z. B. als Mind Map (S. 50 f.)
- den Lernstoff einer zweiten Person erklärst
- zentrale Stichpunkte auf Karteikarten schreibst (S. 31 f.)
- Fragen zum Thema formulierst und beantwortest.

Vermeide Ähnlichkeitshemmungen

Wahrscheinlich hast du schon erlebt, dass dir z. B. im Französischunterricht nur englische Vokabeln einfallen oder umgekehrt. Ähnlich ist es dir vielleicht auch schon mit Mathe- und Physikformeln ergangen.

Solche „Fehlschaltungen" entstehen dann, wenn du zu ähnlichen Lernstoff ohne Pausen lernst oder wiederholst. Dein Gehirn fühlt sich überfordert und wirft den „überflüssigen" Ballast wieder ab. Das heißt, dein Gedächtnis vergisst entweder die Englisch- oder die Französischvokabeln oder – im schlimmsten Falle – sogar beide. Um solche Ähnlichkeitshemmungen zu vermeiden, solltest du

- ähnlichen Lernstoff nicht nacheinander lernen (z. B. Englisch, dann Mathe, dann erst Französisch)
- deinem Gedächtnis ausreichend Pausen zur Verarbeitung des jeweiligen Lernstoffs geben
- ähnlichen Lernstoff an verschiedenen Orten lernen (z. B. Englisch in deinem Zimmer, Französisch im Wohnzimmer)

Tipp: Leg ein Ordnungssystem an

Je besser deine Gedächtnisbibliothek organisiert ist, umso eher kannst du das gespeicherte Wissen dort auch wieder finden. Sehr hilfreich sind dabei für jedes Fach nach Farben sortierte Ordner, Mappen oder Karteikarten.

Langweiligen Lernstoff interessant machen

Leider sind auch die besten Lerntipps meistens vergebens, wenn du beim Lernen kein Interesse am Lernstoff hast. Findest du einen Lerngegenstand langweilig, dann signalisierst du deinem Gedächtnis damit, dass dieses Thema unwichtig ist und sofort wieder vergessen werden darf. Auch häufiges Wiederholen hilft da nur wenig.

Langweiliger Unterrichtsstoff wird interessanter, wenn du nicht nur aus dem Schulbuch lernst, sondern

- dich z. B. im Internet über das Thema informierst
- dir Spielfilme oder Reportagen zum Thema anschaust
- überlegst, welche Fragen du deinem Lehrer zum Thema stellen könntest, die er wohl nicht beantworten kann
- dir aufschreibst, was deinen Freund daran interessiert
- überlegst, welche (Alltags-)Erfahrungen du, deine Familie oder deine Freunde bereits mit dem Thema gemacht haben
- überlegst, welche Bedeutung das Thema für deine eigene Lebensplanung oder -gestaltung hat
- genau aufschreibst, aus welchen Gründen dich das Thema nicht interessiert etc.

Übrigens: Manchmal wird ein Thema erst dann interessant, wenn du schon ein bisschen Wissen darüber gesammelt hast.

Richtig wiederholen mit der Lernkartei

Zum Lernen, als Vorbereitung auf eine Klassenarbeit und vor allem zum Wiederholen von Lernstoff ist eine Lernkartei hervorragend geeignet. Die Lernkartei hat viele Vorteile:

- Sie verschafft dir einen perfekten Überblick über deinen Wortschatz, wissenswerte Daten, Formeln, grammatische Regeln etc.
- Sie zeigt dir genau an, welche Informationen du noch besser lernen musst und welche du schon sicher im Gedächtnis abgespeichert hast. Das motiviert und du sparst eine Menge Zeit.
- Schon beim Beschriften der Karteikarten können verschiedene Lernkanäle gleichzeitig benutzt werden: Neben dem Schreiben und Lesen kannst du den jeweiligen Lerninhalt auch laut sprechen und per Bild oder Zeichnung darstellen.
- Informationen, die du mit Karteikarten gelernt hast, behältst du besser, weil du sie unabhängig von Seitenzahlen oder Buchkapiteln abgespeichert hast.

…und viele weitere Vorteile, die du bald selbst herausfinden wirst.

Für das Erstellen der Lernkartei benötigst du blanko Karteikarten mindestens in DIN-A7-Größe und mehrere Trennscheiben zum Unterteilen in verschiedene Fächer. Verwende außerdem verschiedene Farben zum Beschriften, damit du z. B. Regeln von Beispielen besser unterscheiden kannst. Arbeite zusätzlich mit Zeichnungen und Symbolen, z. B. Vorderseite: englische Vokabel, Rückseite: Zeichnung.

Der folgende Lernrhythmus ist vor allem zum Vokabellernen gut geeignet. Probiere aus, ob der Rhythmus für dich geeignet ist oder ob es einen besseren gibt:

1. Tag:	Neu lernen
abends:	1. Wiederholung
nächster Tag:	2. Wiederholung
nach einer Woche:	3. Wiederholung
nach 1 Monat:	4. Wiederholung
nach 6 Monaten:	5. Wiederholung

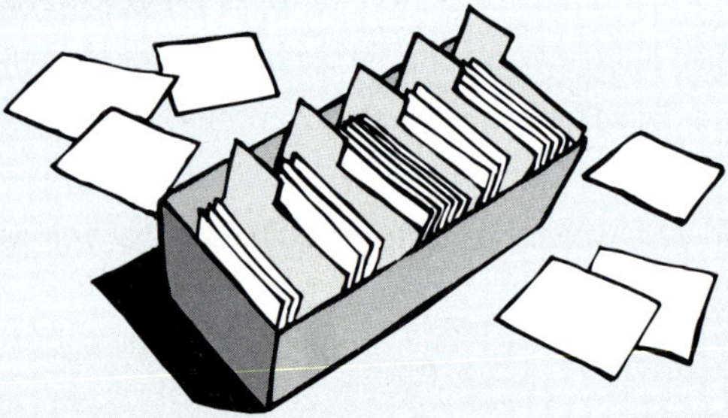

Jede vergessene Vokabel kommt wieder in das Fach „Neu lernen".

Be cool – Lernen ohne Stress und Angst

Leider gibt es Momente, in denen auch ein Spitzengedächtnis versagt, z. B. wenn du unter Stress stehst oder Angst hast.

Ursachen von Stress und Angst

Die Auslöser von Stress sind häufig Störungen, z. B. Lärm, Telefonanrufe etc. oder ganz einfach Zeitnot. Auch die Ursachen von Angst können vielfältig sein. Meist ist es die Angst vor dem Versagen, z. B. etwas Falsches zu sagen und dafür ausgelacht oder getadelt zu werden.

Wirkungen von Stress und Angst

Stress und Angst können Veränderungen bewirken:

- Die *Körpertemperatur steigt* (Schwitzen), weil mehr Energie zum Flüchten oder Kämpfen freigesetzt wird.
- *Puls und Atmung* werden schneller (Herzklopfen), damit die Muskeln mit mehr Sauerstoff versorgt werden.
- Die *Muskeln spannen sich an* (Zittern), um schneller reagieren zu können.
- Das *Blut wird dickflüssiger*, damit es bei einer Verletzung schneller gerinnen kann.
- Das *Bedürfnis auf Toilette zu müssen* entsteht, um Ballast für eine schnellere Flucht abzuwerfen.
- Das *Denken kann ausgeschaltet werden*, damit es nicht an der sofortigen, rettenden Reaktion hindert.

Die Denkblockade

Bei Stress oder Angst werden Stresshormone (z. B. Adrenalin) vom Körper produziert. Diese sorgen dafür, dass die Weiterleitung der Informationen zwischen den Nervenzellen in deinem Gehirn blockiert wird. Die Folge ist eine völlige Denkblockade. Selbst leichte Aufgaben kannst du dann nicht mehr rechnen oder auch gut gelernte Vokablen fallen dir nicht mehr ein.

Die folgenden Tipps sollen dir helfen, mit Angst und Stress besser umzugehen, damit du auch in solchen Situationen auf dein Power-Gedächtnis vertrauen kannst.

Be cool – Tipps für mehr Ruhe und Gelassenheit

- *Bereite dich gut vor!* Dies ist die Grundvoraussetzung, um ruhig und gelassen z. B. eine Klassenarbeit zu schreiben. Wenn du das Thema gut beherrschst, fühlst du dich wesentlich sicherer.
- *Plane deine Zeit!* Je besser deine Zeiteinteilung beim Lernen oder während einer Klassenerbeit ist, umso gelassener bist du. Die Zeitansage des Lehrers fünf Minuten vor Stundenschluss macht dich dann nicht mehr nervös. (Zum Thema Zeit empfehlen wir dir außerdem das Buch „Zeitmanagement – fit in 30 Minuten.")
- *Lass Dampf ab!* Stress kannst du gut durch Sport abbauen – ob Fußballspielen, Radfahren, Skaten etc., danach ist der Kopf frei und dein Gehirn arbeitet wieder 100%ig.

- *Finde deinen persönlichen Mutmachersatz!* Er kann dich in schwierigen Situationen positiv unterstützen. Beginne ihn mit „Ich“ und formuliere positiv, z. B. „Ich schaff das“, oder „Ich bin ruhig und gelassen“.
- *Mach eine Atemübung!* Atme langsam durch die Nase ein und zähl dabei bis fünf, mach dann zwei Sekunden Pause und atme dann langsam durch den Mund aus, während du rückwärts bis null zählst. Durch die längere Ausatemphase sinkt dein Puls und du wirst ruhiger.
- *Akzeptiere Angstreaktionen!* Wenn du in einer Angstsituation unangenehme Körpergefühle verdrängst, z. B. Bauchschmerzen, dann werden diese Gefühle eher schlimmer. Deshalb nimm diese Gefühle bewusst wahr und akzeptiere sie. Meist wird es dann besser.

Zusammenfassung

Dein Gedächtnis arbeitet spitzenmäßig, wenn du

- **beim Lernen gleichzeitig verschiedene Lernkanäle einsetzt,**
- **den Lernstoff in gehirngerechte Portionen zerlegst und deinem Gedächtnis ausreichend Verschnaufpausen gönnst,**
- **richtig wiederholst, Ähnlichkeitshemmungen vermeidest, Interesse am Thema entwickelst, ein Ordnungssystem anlegst oder eine Lernkartei benutzt**
- **und beim Denken ruhig und gelassen bleibst.**

3. Gedächtnis-Turbo einschalten

Wie kann man seine Gedächtnisleistung verbessern?

Was ist das Besondere an der Mind-Map-Methode?

Wie entsteht ein perfekter Spickzettel?

Die „Turbos“ unter den Lerntechniken sind die Mnemotechniken, weil du mit ihrer Hilfe innerhalb kurzer Zeit wesentlich mehr als nur fünf bis sieben Informationen auf einmal speichern kannst. Sie eignen sich vor allem dazu, schwer zu behaltende Vokabeln, Zahlen, Fakten oder auch komplexere Informationen auf direktem Weg in dein Langzeitgedächtnis zu befördern.

Der Trick dabei ist, dass beim Lernen gezielt die Fähigkeiten der linken und rechten Gehirnhälfte miteinander verbunden werden. Vor allem Menschen, die sich dank ihrer besonders leistungsfähigen rechten Gehirnhälfte Bilder sehr gut merken und wieder vorstellen können, nutzen diese Techniken häufig. Auch die Gedächtniskünstler, die du aus dem Fernsehen kennst, arbeiten mit den folgenden Mnemotechniken, um ihre fast unglaublichen Gedächtnisleistungen vollbringen zu können. Vielleicht hast du vor einiger Zeit in stern-tv gesehen, wie ein Mädchen innerhalb kurzer Zeit eine 144-stellige Zahl auswendig lernte. Sie kombinierte dabei die Locitechnik mit der Ankertechnik.

Übrigens: Das Wort „Mnemo“ leitet sich von dem griechischen Wort „mneme“ (Erinnerung) ab. Der griechische Ursprung des Wortes ist kein Zufall, denn schon die alten Griechen wussten sehr genau, mit welchen Techniken sie ihr Gedächtnis zu Spitzenleistungen bewegen konnten.

Die Locitechnik

Die wohl älteste Mnemomethode ist die Locitechnik. Laut Cicero wurde sie um 500 v. Chr. von dem griechischen Dichter Simonides entwickelt. Eine Anekdote erzählt, dass Simonides bei einer Gesellschaft zu Ehren des Gastgebers ein Gedicht vortragen sollte. Nach seinem Vortrag wurde er weggerufen – zum Glück, denn unmittelbar danach stürzte der Festsaal ein und alle Gäste kamen ums Leben. Da nach dem Unfall die Toten nicht mehr identifiziert werden konnten, aber ein würdiges Begräbnis bekommen sollten, rief man Simonides, der sich noch daran erinnern konnte, wer auf welchem Platz gessessen hatte. Erstaunt über sein Gedächtnis, entwickelte er darauf die Methode der Orte (lat. loci: die Orte):

Er malte sich in Gedanken einen Raum mit markanten Ecken aus, an denen er bestimmte Gegenstände platzierte. Wollte er die Gegenstände später erinnern, musste er nur im Geiste die Ecken des Raumes abgehen. Gedächtnishilfen dieser Art waren sehr wichtig, bevor Bücher und Schreibwerkzeug verbreitet waren. Senatoren prägten sich so die Abfolge ihrer Argumente ein, indem sie diese mit markanten Wegpunkten verknüpften. Auch Schauspieler merkten sich ihre langen Texte, indem sie diese mit den Steinsitzen in der Arena verbanden.

So funktioniert diese Technik

Verbinde die zu lernenden Infos mit markanten Orten oder, wenn die Reihenfolge wichtig ist, mit bestimmten Punkten auf einer Wegstrecke (z. B. deinem Schulweg).
Wichtig dabei ist, dass du dir für jede Info-Ort-Verknüpfung ein Bild vorstellst, das du dann in deinem Gedächtnis abspeicherst. Je ungewöhnlicher das Bild ist, umso besser kann es sich dein Gedächtnis merken.

Beispiele

Wenn du ein Referat zum Thema „Internet" möglichst frei halten möchtest, kannst du vorher in Gedanken die Reihenfolge der einzelnen Gliederungspunkte mit markanten Punkten auf deinem Schulweg verknüpfen, z. B.:

- *1. Haustür & Zugang zum Internet*
  1. Bild: Hinter der Haustür befindet sich das World Wide Web.
- *2. Gartenzaun & Websites im Internet*
  2. Bild: Die Latten des Gartenzauns stehen für die unendlich vielen Webseiten im Internet.
- *3. Kiosk & Informationsrecherche im Internet*
  3. Bild: Die vielen Zeitungen am Kiosk informieren über viele unterschiedliche Themenbereiche.
- *4. Ampel & Kommunikation und Spaß im Internet*
  4. Bild: Die Ampel erinnert an eine Lichtmaschine in der Disco. Die Disco ist ein Ort, wo Menschen Spaß haben und miteinander kommunizieren können.

- *5. Schule & Zukunft des Internet*
  In der Schule sollen Schüler auf ihre Zukunft vorbereitet werden.

Das Geburtsdatum von Friedrich Nietzsche (1844) kannst du dir z. B. merken, indem du den Gegenständen auf deinem Regal von links nach rechts die einzelnen Ziffern des Datums zuordnest und dir dabei vor deinem inneren Auge jeweils ein Bild dazu vorstellst, z. B.

- Lampe: Der *Stiel sieht aus wie eine 1*.
- Bücher: Stell dir vor, auf den Büchern liegt eine Lesebrille, deren *Gläser wie eine 8* aussehen.
- Sparschwein: Stell dir vor, auf dem Sparschwein sind *zwei vierblättrige Kleeblätter* gemalt.

Zum Lernen von Zahlen ist vor allem auch die Ankertechnik (siehe S. 45 f.) geeignet.

Übung

Überlege dir, mit welchen zehn Argumenten du deine Eltern überzeugen kannst, Geld zu einem neuen Fahrrad zuzusteuern, dich auf eine Party zu lassen, mit Freunden in den Urlaub zu fahren …

Leg eine günstige Reihenfolge der Argumente fest und speichere die Argumente mit Hilfe der Locitechnik in deinem Gedächtnis ab.

Was du mit der Locitechnik alles lernen kannst

Die Locitechnik hilft dir beim Lernen von

- Reihenfolgen einzelner Referatspunkte,
- Argumentationspunkten für eine Diskussion,
- Fakten für eine Klassenarbeit oder mündliche Prüfung,
- Zahlen und wichtigen Daten.

Die Geschichtentechnik

Wahrscheinlich liest du nicht nur gerne gute Geschichten oder siehst sie dir im Fernsehen an, sondern denkst dir auch selber welche aus.

Bei der folgenden Technik kannst du deiner Fantasie freien Lauf lassen. Hier werden nämlich einzelne Vokabeln durch eine Geschichte miteinander verbunden. Der Verlauf der Geschichte stellt für das Gedächtnis eine Ordnung dar, die es ihm leichter macht, die Vokabeln zu behalten. Mit dieser Technik kannst du innerhalb von zehn Minuten bis zu 20 Vokabeln lernen.

So funktioniert die Geschichtentechnik

Verbinde die zu lernenden Vokabeln durch eine zusammenhängende Geschichte miteinander. Du kannst sie in Englisch, Französisch etc. formulieren oder eine Kauderwelsch-Geschichte basteln. Kauderwelsch-Geschichten bieten sich dann an, wenn du die Fremdsprache noch nicht gut genug beherrschst oder es sich um lateinische oder griechische Vokabeln handelt.

Vermeide Aufzählungen und Reihungen. Der rote Faden der Geschichte ergibt sich erst dann, wenn jede Vokabel mit einer Tätigkeit verbunden wurde, z. B. „Auf dem Geländer einer *bridge* saß eine *cat* und fauchte. Unter ihr saß ein *dog*."

Versuch dir die Geschichte so echt und lebendig wie möglich vorzustellen. Je ungewöhnlicher oder lustiger die Geschichte ist, umso besser kannst du sie dir merken.

Ein Beispiel

Angenommen du schreibst morgen eine Vokabelarbeit, bei der auch zehn neue Vokabeln vorkommen. Mit folgender Kauderwelsch-Geschichte könnte dein Gedächtnis die neuen Wörter schnell und sicher abspeichern:
„*Sure* (sicher) waren wir nicht, ob eine *microwave* (Mikrowelle) das richtige Geburtstagsgeschenk für Tom sein würde. Tom war unser neuer *classmate* (Klassenkamerad), der zwar zu allen in der Klasse recht *kindly* (freundlich) war, aber sein *distrust* (Misstrauen) uns gegenüber spürten wir sehr deutlich. Plötzlich hatte ich eine *inspiration* (Eingebung). Wir *cancel* (durchstreichen) die Idee mit der Mikrowelle und *rent* (mieten) ein *rubber dinghy* (Schlauchboot). An Toms Geburtstag fuhren wir damit auf den See und brachten ihm *dive* (tauchen) bei.

Übung

Such dir ca. 20 kleine „Mistwörter" zusammen – also 20 Vokabeln, die dein Gedächtnis einfach nicht behalten will – und schreib sie auf einen Zettel. Bastle nun aus diesen Vokabeln in maximal 15 Minuten eine möglichst verrückte Geschichte.

Was du mit der Geschichtentechnik lernen kannst

Hervorragend geeignet ist diese Technik zum Lernen

- von Vokabeln und Begriffen – vor allem dann, wenn du für eine Klassenarbeit von heute auf morgen viele Wörter behalten musst,
- der vielen kleinen „Mistwörter", die dein Gedächtnis nur schlecht behalten kann,
- von Begriffen in einer vorgegebenen Reihenfolge, z. B. bei geschichtlichen Abläufen oder Vorgangsbeschreibungen.

Tipp

So wie der rote Faden einer Geschichte eine hilfreiche Ordnung darstellt, so stellt auch die Ordnung von Vokabeln nach Wortfeldern für dein Gedächtnis eine große Speicherhilfe dar. Sofern der Lernstoff es ermöglicht, solltest du deshalb versuchen, Wortfelder zu bilden, z. B. Wortfeld „Transportmittel": bike, car, lorry/truck, helicopter, ship etc. oder Wortfeld „Berufe": teacher, engineer, janitor, priest, gardener etc.

Die Ankertechnik

Was für unglaubliche Gedächtnisleistungen möglich sind, zeigte ein Mädchen in der Sendung stern-tv, als es innerhalb kurzer Zeit eine 144-stellige Zahl auswendig lernte. Wie schaffte sie das?

Sie kombinierte einfach die dir nun schon bekannte Locitechnik (S. 38 ff.) mit der Ankertechnik. Zuerst legte das Mädchen 72 aufeinander folgende Stationen, so genannte „Routenpunkte", in ihrer Wohnung fest, z. B. 1 das Bett, 2 der Teppich vor dem Bett, 3 der Schreibtisch etc. Nun bestimmte sie 100 Gegenstände für die Zahlen 0 bis 99, die sie zuvor auswendig lernen musste. Die 144-stellige Zahl teilte sie dann in 72 zweistellige Zahlen, die jeweils einem vorher festgelegten Gegenstand entsprachen. Dann mussten die 72 Gegenstände nur noch in genauer Reihenfolge auf die festgelegten Routenpunkte verteilt werden. Waren die ersten beiden Ziffern z. B. 43 und 43 ist die Zahl für „Katze", dann war das erste Bild „Katze in meinem Bett". Natürlich verlangt diese Technik eine Menge Übung.

Zu Recht kannst du dich auch fragen, wozu du eine 144-stellige Zahl auswendig lernen sollst. Was das Beispiel dir aber sehr deutlich zeigt ist, dass ohne das Zusammenspiel der linken Gehirnhälfte (Planung einer genauen Reihenfolge)

mit der rechten (Vorstellung von Bildern, Fantasie) diese Aufgabe unlösbar gewesen wäre.
Auf einfache Weise kannst du die Ankertechnik jedoch auch gut für die Schule nutzen. Die Ankertechnik ist ein Ordnungssystem, das zugleich deine Fantasie optimal unterstützt. Mit ihr verankerst du Vokabeln, Fakten, Argumentationspunkte etc. in deinem Gedächtnis, indem du sie z. B. mit bestimmten Zahlensymbolen verbindest.

So funktioniert die Ankertechnik mit Zahlensymbolen

Mit den folgenden zehn Zahlensymbolen kannst du viele Informationen in deinem Gedächtnis abspeichern und später sicher wieder abrufen. Betrachte die Symbole auf der folgenden Seite genau und präge dir die dazugehörige Zahl gut ein.

Die Verknüpfung dieser Symbole mit der entsprechenden Zahl beruht auf der bildlichen Ähnlichkeit. Natürlich kannst du dir auch eigene Zahlensymbole überlegen.
Sobald du die Symbole auswendig gelernt hast, kannst du nun jede beliebige Information (z. B. einzelne Referatspunkte, Wörter, Geschichtszahlen, Fakten) mit den Symbolen zu einem Bild verknüpfen.

0

1

2

3

4

5

6

7

8

9

MEINE ZAHLENSYMBOLE:

0 1 2 3 4

5 6 7 8 9

Zwei Beispiele

Jedes beliebige Geburtsdatum kannst du dir mit Hilfe der Zahlensymbole merken. Hier sind zwei Beispiele – die Geburtsdaten von Tom Cruise und Britney Spears. Stell dir dabei die Bildfolge deutlich vor. Damit klar ist, dass es sich z. B. um den 2.11. und nicht um den 21.1. handelt, kannst du dir für den Punkt ein bestimmtes Geräusch, z. B. Niesen, Husten, Schreien etc., vorstellen.

Tom Cruise (3.7.62): Auf einem Siegertreppchen (3) steht Tom Cruise und schreit vor Freude. Er klaut von einem der sieben Zwerge (7) eine Mütze, um nicht nass zu werden (dabei beschwert sich der Zwerg laut), denn er wird gerade von einem Elefanten geduscht (6). Darauf entsteht um ihn herum eine Riesenpfütze, auf der ein Schwan (2) schwimmt.

Britney Spears (2.12.81): Britney Spears sitzt auf einem Schwan (2) und niest. Sie kämpft mit einem Baseballschläger (1) gegen einen anderen Schwan (2). Der Schwan schreit. Dabei verliert er seine Brille (8), und Britney wirft in Siegerpose den Baseballschläger (1) ins Wasser.

Übung

Probier es doch auch einmal aus mit:

Christina Aguilera (18.12.80)

Michael Schumacher (3.1.69)

Madonna (16.8.58)

Was du mit der Ankertechnik lernen kannst

Die Ankertechnik hilft deinem Gedächtnis vor allem bei der Speicherung von

- Reihenfolgen z. B. bei geschichtlichen Abläufen oder
- Vorgangsbeschreibungen,
- einzelnen Referatspunkten (siehe Übung),
- Argumentationsketten für Diskussionen,
- einzelnen Vokabeln oder Begriffen,
- Zahlen und Daten.

Tipp

Alle diese „Turbo-Techniken" funktionieren deshalb so gut, weil sie die bildliche Vorstellungskraft deiner rechten Gehirnhälfte sinnvoll nutzen. Je besser das in deiner Fantasie gebastelte Bild ist, umso besser kann es dein Gedächtnis speichern. Hier einige Tipps, wie du diese Bilder verbessern kannst: Such dir

- konkrete, lebhafte, farbige und bewegte Bilder,
- gefühlsgeladene Bilder (schlechte wie gute Gefühle),
- eigene Bilder, möglichst lustig und orginell.

Und noch ein Tipp

Begriffe oder Vokabeln (z. B. ghost/Geist) kannst du lernen, indem du ein ähnlich klingendes bekanntes Wort suchst (z. B. Gast). Dieses Schlüsselwort verbindest du nun durch ein einprägsames Bild mit seiner Bedeutung (z. B. Der Gast deiner Mutter sieht aus wie ein Geist).

Der pfiffige Spickzettel:
Die Mind-Map-Methode

Wer kennt das Spielchen nicht?! Am Abend vor der Klassenarbeit oder noch schnell in der Unterrichtsstunde davor wird versucht, möglichst viele Informationen auf einen möglichst kleinen Zettel zu schreiben, der dann an einem möglichst unauffälligen Ort deponiert wird. In der Regel ist dies stressig und leider auch oft umsonst, entweder weil auf dem Zettel die falschen Vokabeln stehen, der Zettel unleserlich ist, nicht benutzt werden kann oder im schlimmsten Fall vom Lehrer entdeckt wird.

Um diesem Stress vor jeder Arbeit Abhilfe zu schaffen, zeigen wir dir jetzt, wie du so pfiffige Spickzettel entwerfen kannst, dass dir solche Pannen künftig nicht mehr unterlaufen werden. Der große Vorteil dieser Methode ist nämlich der, dass du den Spickzettel, nachdem du ihn gestaltet hast, getrost wegwerfen kannst. Warum?

Weil dieser Spickzettel so angelegt ist, dass dein Gedächtnis alle Informationen, die du auf ihm festhältst, sofort und sicher speichert. Deshalb werden diese Spickzettel auch Mind Maps (Gedächtnis-Karten) genannt. Beim Mind Mapping verbindest du auf sehr effektive Weise die Fähigkeiten deiner linken Gehirnhälfte (ordnen, schreiben, lesen) mit denen deiner rechten Gehirnhälfte (malen, zeichen, Bilder sehen). Die optimale Voraussetzung also für ein Power-Gedächtnis und Spitzenklassenarbeiten!

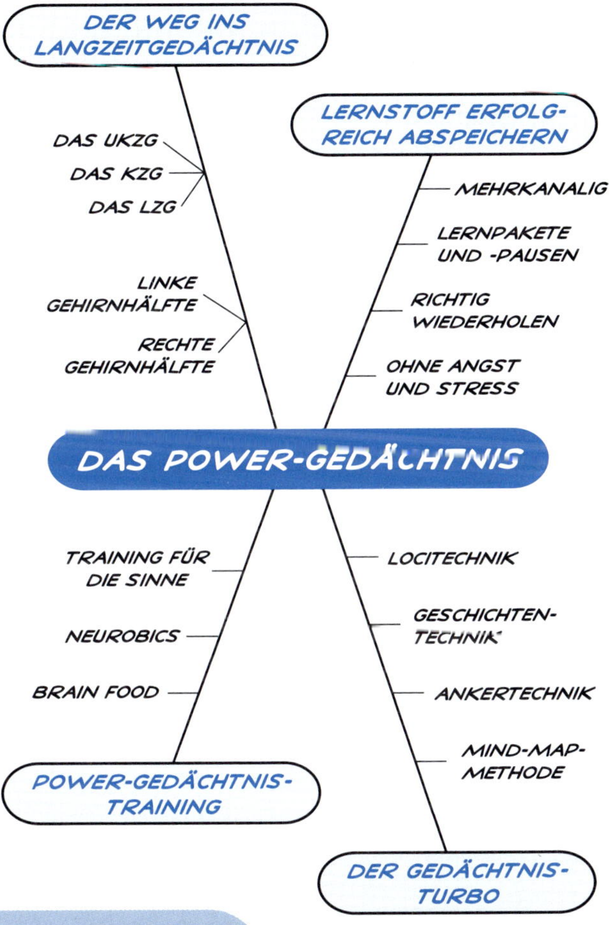

So funktioniert die Mind-Map-Methode

- *Verwende Blanko-Papier!* Also Papier ohne Linien oder Kästchen.
- *Beschreibe das Papier im Querformat!* Eine Mind Map entwickelt sich eher in die Breite als in die Höhe.
- *Schreibe oder male das Thema in die Mitte des Blattes!* Zeichne darum einen Kreis. So konzentrierst du dich besser auf das Thema.
- *Zeichne für jeden Hauptgedanken einen Hauptast!* Diese entsprechen z. B. den Kapitelüberschriften.
- *Füge weitere Einzelheiten als Nebenäste oder Zweige hinzu!* Hierbei handelt es sich um weiterführende Unterpunkte.
- *Beschrifte deine Mind Maps mit Druckbuchstaben!* Diese kannst du leichter entziffern und so besser speichern.
- *Verwende Schlüsselwörter!* Ganze Sätze sind für dein Gedächtnis zu lang.
- *Verwende Farben und Symbole!* Diese gestalten die Mind Map übersichtlicher und erleichtern das Behalten.

Nun speichere die Mind Map wie ein Foto in deinem Gedächtnis ab!

Ein Beispiel

Die Beispiel-Mind-Map auf der Seite 51 ist zugleich eine gute Übersicht über alle wichtigen Methoden, Übungen etc. zum Thema „Power-Gedächtnis“.

Übung

Stell dir vor, du sollst ein Referat in Musik, Sport, Deutsch etc. halten. Wähl dir eine Thema aus und gestalte dazu eine Übersichts-Mind-Map. Verwende dabei unterschiedliche Farben und Symbole.

Was du mit der Mind-Map-Methode machen kannst

Mit einer Mind Map kannst du

- Ideen sammeln und strukturieren,
- einen Aufsatz oder ein Referat planen und gliedern,
- ein Protokoll anfertigen oder
- einen Spickzettel basteln (und dann wegwerfen!).

Zusammenfassung

- **Die „Turbos" unter den Lerntechniken sind die Mnemo (Gedächtnis-)techniken. Mit ihnen kannst du innerhalb kürzester Zeit viele Infos speichern.**
- **Die wirkungsvollsten Mnemotechniken sind die Locitechnik, die Geschichtentechnik und die Ankertechnik. Sie verbinden auf geschickte Weise die Fähigkeiten der linken und rechten Gehirnhälfte miteinander und nutzen vor allem das gute bildliche Vorstellungsvermögen des Menschen.**

- **Mit Mind Maps kannst du ebenfalls viele Infos auf einmal speichern und zudem gute Spickzettel erstellen.**

4. Das Power-Gedächtnis-Training

Kann man seine Sinne trainieren?

Was ist „Neurobics"?

Wie beeinflussen Ernährung und Sport die Konzentration?

Menschen lernen über ihre Sinne. Alles, was du siehst, hörst, schmeckst, riechst und fühlst, wird in deinem Gedächtnis kurz festgehalten und anschließend geprüft, ob diese Informationen im Langzeitgedächtnis abgespeichert werden sollen oder nicht. Wie du Infos sicher im LZG abspeichern kannst, hast du bereits in den Kapiteln 2 und 3 erfahren.
Nun ist es aber so, dass manche Menschen besser über das Sehen als über das Hören lernen oder umgekehrt. Bist du z. B. eher ein visueller Typ (wie übrigens die meisten Menschen), dann kann das z. B. zu Verständnisproblemen in der Schule führen, wenn deine Lehrer viel erzählen, aber nur selten mit Tafelbildern oder Skizzen arbeiten.

Wie viel und wie genau du das Gehörte oder Gesehene abspeicherst, hängt im Wesentlichen davon ab, wie ausgeprägt deine Sinneswahrnehmungen sind und wie gut deine linke und rechte Gehirnhälfte zusammenarbeiten. Deshalb erfährst du in diesem Trainingskapitel, wie du

- durch gezielte Übungen deine auditive und visuelle Wahrnehmung schärfen kannst,
- durch Neurobics – den neuen Sport für dein Gehirn – dein Gedächtnis mächtig auf Trab bringen wirst
- und mit Brain Food – der intelligenten Nahrung fürs Gehirn – wahre Spitzenleistungen vollbringen kannst.

Power-Ged

Trainiere deine Sinne

Verbessern oder sinnvoll nutzen kannst du deine auditiven Fähigkeiten bereits, wenn

- du Vokabeln, Fakten oder Texte auf Kassette sprichst und dir immer wieder anhörst,
- ihr euch den Lernstoff gegenseitig erzählt,
- du dir Kassetten und Filme in der Fremdsprache anhörst.

Darüber hinaus kannst du deine auditiven Fähigkeiten mit den folgenden Übungen gezielt trainieren:

Selektives Hören

Beim selektiven Hören versuchst du, aus einer Menge von unterschiedlichen Geräuschen einzelne Geräusche herauszufiltern. Diese Übung braucht wenig Vorbereitung, und trainieren kannst du sie jederzeit zu Hause oder unterwegs. Hier zwei Beispiele:

- Versuche, im Stimmengewirr einer Straße ein einzelnes Geräusch herauszuhören und eine Weile zu verfolgen.
- Bemühe dich, in einem Pop- oder Klassikstück einzelne Musikinstrumente herauszuhören.

Gehörte Informationen abspeichern

Bei dieser Übung geht es darum, gesprochenen Informationen bewusst zu zuhören. Nimm dazu z. B. eine Nachrichtensendung aus dem Radio auf Kassette auf. Während der

Aufnahme versuchst du, dem Sprecher möglichst genau zuzuhören und dir zu merken, welche Nachrichten er vorgelesen hat.
Nach einer Pause notierst du alles, was dir noch in Erinnerung geblieben ist, auf einen Zettel, z. B. in Form einer Mind Map (siehe Seite 50 ff.), und überprüfst es anschließend anhand der Aufnahme.
Natürlich kannst du diese Übung auch mit Radiosendungen oder Hörkassetten zu jedem anderen Thema machen.

Fantasiegeräusche ausdenken und hören

In deiner Fantasie kannst du dir nicht nur Bilder, sondern auch Geräusche vorstellen. Mach es dir dazu an einem ungestörten Ort gemütlich und versuche, bekannte Geräusche, fremde Klänge oder ganze Sinfonien zu hören.

Hörmemory

Viel Spaß macht es auch, das Gehör mit einem Hörmemory zu schärfen. Das Spiel kannst du dir selber basteln. Dazu nimmst du ca. 30 leere Filmrollendosen und füllst immer zwei davon mit Sand, Wasser, kleinen Steinen, Reis etc. Dann verschließt du die Dosen und verteilst sie wahllos auf dem Tisch. Versuche nun durch Schütteln und Hören herauszufinden, welche zwei zusammengehören.

Deine visuellen Fähigkeiten kannst du nutzen und verbessern, indem du z. B. beim Lernen

- Mnemotechniken einsetzt (Kapitel 3),
- die Mind-Map-Methode nutzt,
- mit Farben, Symbolen und Unterstreichungen arbeitest,
- Skizzen, Bilder, Flussdiagramme anfertigst.

Gezielt trainieren kannst du deine visuellen Fähigkeiten darüber hinaus mit folgendem Trainingsprogramm:

Drei Schritte zum bewussten Sehen

1. *Beobachte Einzelgegenstände!* Betrachte einen Gegenstand, z. B. eine Vase, ganz genau. Danach schließ die Augen und versuch dich an die Form, Farbe, das Material, Muster etc. zu erinnern. Nun vergleich dein inneres Bild mit der richtigen Vase.
2. *Beobachte einen Raum!* Schau dich z. B. in deinem Zimmer genau um. Versuch dich nun in Gedanken an alle Details zu erinnern. Nun überprüfe deine Erinnerung.
3. *Blick aus dem Fenster!* Ohne vorher hinauszuschauen stell dir genau vor, was du alles sehen könntest, wenn du z. B. aus dem Küchenfenster siehst. Dann überprüfe deine Vorstellung.

Und: Spiel KIM-Spiele!

Hierbei wird an einer vorgegebenen Situation, z. B. zehn Gegenständen, etwas verändert. Durch genaues Beobachten sollst du dann die Veränderung herausfinden.

Neurobics
fürs Gehirn

Mit regelmäßigen sportlichen Übungen für dein Gehirn kannst du die Leistungen deines Gedächtnisses spitzenmäßig verbessern. „Neurobics" heißt die neue Sportart, die von dem Neurobiologen Larry Katz erfunden wurde. Neurobics ist nichts anderes als eine Nervengymnastik, bei der du die Welt sinnlich neu erfährst. Alltägliche Vorgänge oder Handlungen, die du routinemäßig ausführst, werden ein wenig verändert. Dadurch ruhen die im Gehirn dafür üblicherweise vorgesehenen Regionen und andere werden neu benutzt. Deine Sinne und dein Gedächtnis werden so wesentlich wacher, flexibler und damit leistungsfähiger. Probier die folgenden Übungen von Larry Katz einfach einmal aus:

Die Dinge des Alltags mit der „falschen" Hand machen
Ob Zähneputzen, Schuhebinden oder das Halten einer Tasse, versuch alles mit der „verkehrten" Hand zu machen.

Mit geschlossenen Augen sehen
Meist orientiert man sich mit den Augen. Deshalb versuch z. B. beim Duschen die Seife, den Waschlappen oder das Shampoo zu erfühlen und den richtigen Schlüssel in deiner Hosentasche zu ertasten. Schließ deine Augen z. B. auch im Bus, Zug oder der U-Bahn und versuch, die Haltestellen anhand der jeweils typischen Geräusche zu erkennen.

Die Dinge auf den Kopf stellen

Versuch Altbekanntes zu verändern, z. B. an deinem Arbeitsplatz, indem du den Papierkorb umstellst und das Bild auf deinem Schreibtisch oder die Uhr in deinem Zimmer auf den Kopf stellst. Auch die Sitzordnung am Mittagstisch könnt ihr einfach einmal ändern.

Kochen nach Lust und Laune und beim Essen die Ohrstöpsel nicht vergessen

Jedes Familienmitglied darf sich eine Speise aussuchen, die z. B. beim Mittagessen gegessen werden soll. Seltsame, aber für den Geschmacksinn äußerst anregende Kombinationen sind dabei vorprogrammiert: Steaks und Himbeersauce – hmmm. Geschmacks- und Geruchssinn sind noch sensibler, wenn du deine Ohren verstöpselst und ihr schweigend das ungewöhnliche Mahl genießt.

Neue Wege gehen

Immer wieder Neues entdecken kannst du, wenn du deinen üblichen Weg zur Schule, zum Supermarkt oder zur Sporthalle verlässt und auf anderen Wegen deinen Bestimmungsort aufsuchst.

Schräge Hausmusik machen

Ungewohnt und deshalb anregend neu für dein Gehör ist Hausmusik auf Haushaltsgegenständen – auch wenn ein solches Rockkonzert etwas schräg klingt.

Ausdauer und Nahrung für die „grauen Zellen“

Neben den vielen Möglichkeiten, durch sinnvolle Gedächtnistechniken oder gezieltes Training die Leistung deines Gedächtnisses zu erhöhen, gibt es noch zwei weitere sehr effektive Wege zur Spitzenleistung, nämlich

- körperliche Bewegung und
- gesunde Ernährung (Brain Food).

Geistige und körperliche Ausdauer gehören zusammen

„Use it or lose it“. Das ist einer der wichtigsten Sätze der Mediziner. Er bedeutet, wenn du deine Muskulatur und dein Herz-Kreislaufsystem nicht forderst, dann verlierst du an Kraft und Ausdauer. Die Folge ist, dass du dich schneller müde, schlapp und lustlos fühlst und außerdem anfälliger bist für Krankheiten. Die fehlende körperliche Ausdauer kann sich dann schnell auch in fehlende Ausdauer beim Lernen und in Konzentrationsproblemen niederschlagen. Deshalb solltest du dich mindestens 8 Stunden in der Woche sportlich betätigen. Die positiven Nebeneffekte können sich sehen lassen:

- bessere Konzentration,
- höhere Motivation,
- weniger Lernstress,
- schnelleres Denken,
- mehr Gesundheit und
- gute Laune.

In einer englischen Schule gaben Forscher einem Drittel der Schüler einer 6. Klasse täglich ein genau abgestimmtes Vitamin- und Mineralpräparat. Das zweite Drittel der Klasse bekam ein Placebo und das dritte Drittel gar nichts. Nach einem Schuljahr wurde mit allen Schülern ein Standard-Intelligenz-Test durchgeführt. Das Ergebnis war erstaunlich: Bei der ersten Gruppe war der IQ um mehr als 10 Punkte gestiegen, bei den beiden anderen Gruppen hingegen nur um 2 Punkte, was dem normalen Lernfortschritt in dieser Zeit entspricht. Offensichtlich macht die richtige Nahrung also schlau! Aber was ist die richtige Nahrung?

Die Feinde: Fett und Süßigkeiten

Diese beiden sind es nicht. Deshalb solltest du Schokolade, Cola, Chips etc. vor allem beim Lernen meiden. Sie machen nicht nur dick, sondern mindern das körperliche Wohlbefinden und vor allem die Konzentration.

Die Freunde: Eiweiß, Vitamine, Mineralstoffe und Kohlenhydrate

Diese vier Freunde sind die Kraftspender für geistige und körperliche Energie. Du findest sie vor allem in frischem Obst und Gemüse und in Vollkornprodukten.

Mehr über richtige Bewegung und Ernährung kannst du in dem Buch „Fitness – fit in 30 Minuten“ erfahren.

Weiterführende Bücher

Birkenbihl, Vera F.: *Das „neue" Stroh im Kopf?*
36. Auflage. Offenbach: GABAL Verlag 2000

Buzan, Tony & North, Vanda: *Mind Mapping*
Wien: htp-Verlag 1997

Geisselhart, Roland R. & Burkart, Christiane:
Gedächtnis-Power
Offenbach: GABAL Verlag 1997

Geisselhart, Roland R. & Burkart, Christiane:
30 Minuten für beruflichen Erfolg mit dem Power-Gedächtnis
Offenbach: GABAL Verlag 1999

Sauer, Christiane & Konnertz, Dirk: *Abi mit Methode*
Bayreuth: Schmidt Verlag 1998

Sauer, Christiane & Konnertz, Dirk & Kneip, Winfried:
Lern-Landkarten
Mühlheim a.d. Ruhr: Verlag an der Ruhr 1998

Sauer, Christiane & Konnertz, Dirk:
Lernspaß – fit in 30 Minuten
Offenbach: GABAL Verlag 2000

Svantesson, Ingemar:
Mind Mapping und Gedächtnis-Training
5. Auflage. Offenbach: GABAL Verlag 1998

Stichwortregister

Schneller rechnen

Inhalt

Hallo und herzlich willkommen!

Du liest in der Zeitung, dass der Ferrari-Rennfahrer Michael Schumacher im letzten Jahr 60 Millionen Euro verdient hat. Hört sich nach einer Menge Geld an, denkst du jetzt vielleicht. Wirklich verblüffend wird die Zahl aber dann, wenn du errechnest, dass dies einem Stundenlohn von ca. 7.000 Euro entspricht – und dabei sind Freizeit und Schlaf eingerechnet. Ein gutes Gespür für Zahlen und die Fähigkeit schnell zu rechnen – das bringt dir nicht nur in der Schule enorme Vorteile. Wer mit Zahlen „jonglieren" kann, dem fällt vieles leichter, z.B.:

- Beim Einkaufen im Supermarkt behältst du den Überblick über deine Ausgaben,
- beim Basteln und Werken errechnest du schnell, wie viele Materialien du benötigst,
- bei der Planung einer Mountainbike-Tour verschätzt du dich nicht mit den Entfernungen oder
- in einer Fußball-Bundesliga-Saison hast du jederzeit den Überblick, wie viele Punkte deine Lieblingsmannschaft noch benötigt.

Nach dem Lesen dieses Buches und ein wenig Training wirst du in der Lage sein, sämtliche Aufgaben – ob Additionen, Subtraktionen, Multiplikationen oder Divisionen – schneller und sicherer zu rechnen.

Aufbau des Buches

In *Kapitel 1* erfährst du, wie wichtig es für deinen Erfolg beim Rechnen ist, dass du gerne rechnest und was du tun kannst, um wieder Spaß am Rechnen zu finden.
Welche Grundlagen für das schnelle und erfolgreiche Rechnen wichtig sind, erklären wir dir in *Kapitel 2*. Drei Tests werden dir zeigen, ob du diese „basics“ bereits beherrschst.
In *Kapitel 3* lernst du die Turbotricks für schnelles Rechnen kennen. Wir zeigen dir, wie du mit Hilfe einfacher Techniken schneller addieren, subtrahieren, multiplizieren und dividieren kannst.
Schließlich erfährst du in *Kapitel 4*, wie du deinen Weg zum Rechenkünstler über Ziele und Meilensteine planen kannst.

Viel Spaß beim Lesen und Trainieren wünschen dir

Uli Kißling & Dirk Konnertz
(www.lernteam.de)

1. Rechnen ist klasse!

Weißt du, dass deine innere Einstellung zum Rechnen wichtig ist?

Jeder Mensch kann ein Rechenkünstler werden – wie ist das möglich?

Kennst du die vielen Vorteile, wenn du schnell rechnen kannst?

Lästern – kein Problem!

- „Rechnen ist langweilig!"
- „Rechnen macht keinen Spaß!"
- „Rechnen ist viel zu schwer!"
- „Rechnen ist überflüssig – wozu gibt es denn Taschenrechner!?"

Möglicherweise ist der eine oder andere Satz auch schon über deine Lippen gekommen. Über Mathematik und das Rechnen stöhnen viele – gerade Schüler lästern gerne darüber. Du kannst sicher sein, dass viele Menschen applaudieren, wenn du hart urteilst: „Rechnen ist sch....!"
Man kann also einfach und problemlos über das Rechnen lästern.

Lästern – ein Problem?

Gehst du mit dieser negativen Einstellung in den Matheunterricht oder sitzt so bei deinen Hausaufgaben, dann wirst du bei den ersten Schwierigkeiten z.B. denken: „Siehst du, ich kann das nicht. Es ist viel zu schwer und macht keinen Spaß!" Von diesem Gedanken bis zur Tat ist es dann nicht weit – du wirst wahrscheinlich aufgeben. In diesem Fall fühlst du dich meist schlecht und bekommst ein Problem. Zugegeben ein kleines Problem, wenn es nur ein oder zweimal im Jahr vorkommt. Aber ein großes Problem, wenn es ein oder zweimal in der Woche vorkommt. Also, was tun?

Die Geschichte von Stefan

Stefan M. ist 12 Jahre alt und geht in die 5. Klasse des Gymnasiums. In der Grundschule zählte er immer zu den Besten. Die 3 in Mathe war seine schlechteste Note. Sowohl seine Lehrer als auch seine Eltern waren der Meinung, dass er für das Gymnasium tauglich ist.
Zunächst lief auf der neuen Schule auch alles glatt. Er schrieb in fast allen Arbeiten ähnliche Noten wie in der Grundschule. In Mathe hatte er sich von einer 3 auf eine 4 verschlechtert. Er tröstete sich damit, dass er in Kunst und Geschichte jeweils eine 1 bekommen hatte. Im zweiten Halbjahr wurde die Situation in Mathe richtig problematisch. Zuerst führte sein Lehrer die römischen Zahlen ein. Die Umwandlungen der römischen Zahlen in arabische schaffte er, aber die umgekehrte Aufgabenstellung bereitete ihm Schwierigkeiten. Bei den Hausaufgaben setzten sich seine Probleme fort. Er brauchte für seine Matheaufgaben immer länger und hatte deshalb immer weniger Zeit zum Spielen. In letzter Zeit half ihm ab und zu seine Mutter. Da sie ebenfalls in Mathe keine Leuchte war, brachte ihm das nur wenig.

Sein Lehrer führte nun das Zweiersystem und danach das Sechzehnersystem ein. Bei den komplizierten Umrechnungen kam er dann in der Schule nicht mit. Er hatte außerdem keine Ahnung, was das Ganze sollte. Auch traute er sich nun nicht mehr, seinen Lehrer zu fragen. Als die Mathearbeit zu diesem Thema anstand, hatte er schon vorher ein flaues Gefühl im Magen. Sobald er die Arbeit sah, verschlimmerte sich sein schlechtes Gefühl und er konnte sich überhaupt nicht mehr konzentrieren. Deshalb war es nicht verwunderlich, dass er in dieser Arbeit seine erste 5 schrieb. Die schlechte Note machte ihm ganz schön zu schaffen. Immer öfter sagte er sich Sätze, wie z.B. „Ich bin eine Null in Mathe!", „Ich lerne das nie!" oder „Mathe ist blöd!"
Zum Glück musste die Arbeit wiederholt werden. Vier Tage vor der Wiederholungsarbeit lernte er zusätzlich täglich eine halbe Stunde. Aber immer wenn er lernte, meldete sich seine innere Stimme, die ihm zuflüsterte: „Es wird bestimmt wieder eine 5!" Mit der Angst im Nacken machte ihm das Lernen überhaupt keinen Spaß mehr. Nur keine 5 schreiben, dachte er auch, als er die Arbeit schrieb. Er hatte sich so gut auf die Arbeit vorbereitet, aber beim Anblick der Aufgaben hatte er sofort wieder das Gefühl, dass die ganze Lernerei umsonst war. Es war wie verhext und er schrieb wieder eine 5.

Vielleicht kommt dir das bekannt vor?!

Einstiegstest

Mit diesem Test möchten wir dir erste Tipps geben und zeigen, was du tun kannst, um in Zukunft beim Rechnen erfolgreich zu sein. Kreuze an, was auf dich zutrifft!

1. Rechnen macht keinen Spaß. ja ○ nein ○
2. Rechnen ist uninteressant und unwichtig. ja ○ nein ○
3. Rechnen ist viel zu anstrengend. ja ○ nein ○
4. Ich kann nicht gut rechnen. ja ○ nein ○
5. Rechnen werde ich nie richtig lernen. ja ○ nein ○
6. Ich höre beim Rechnen oft Musik. ja ○ nein ○
7. Beim Rechnen lasse ich mich leicht ablenken. ja ○ nein ○
8. Ich werde beim Rechnen oft gestört. ja ○ nein ○
9. Meine schriftlichen Rechnungen sehen oft wie ein „Zahlen-Trümmerhaufen“ aus. ja ○ nein ○
10. Ich komme beim Kopfrechnen schnell durcheinander. ja ○ nein ○
11. Rechnen trainiere ich selten oder gar nicht. ja ○ nein ○
12. Ich rechne lieber einmal eine Stunde als jeden Tag fünf Minuten. ja ○ nein ○
13. Wenn ich rechne, mache ich viele gleichartige Aufgaben hintereinander. ja ○ nein ○

14. Ich notiere mir selten oder überhaupt keine Zwischenergebnisse. ja ◯ nein ◯
15. Rechenspiele kenne bzw. mache ich nicht. ja ◯ nein ◯

Fragen 1 bis 5:

Wenn du die meisten dieser Fragen mit „*Ja*" beantwortet hast, dann solltest du deine Einstellung ändern. Mit dieser negativen Einstellung wirst du dir auch in Zukunft selbst im Wege stehen.

Fragen 6 bis 10:

Mehr mit „*Nein*" geantwortet? Dann hast du bereits gute äußere Bedingungen zum schnellen und erfolgreichen Rechnen geschaffen.
Wenn du aber die meisten dieser Fragen mit „*Ja*" beantwortet hast und du dich beim Rechnen unkonzentriert fühlst, dann musst du an deinem Lernumfeld etwas ändern. In Kapitel 2 erfährst du mehr dazu.

Fragen 11 bis 15:

Wenn du mehr dieser Fragen mit „*Ja*" beantworten musstest, dann wird dir ein spezielles Rechentraining helfen. Mehr dazu erfährst du in Kapitel 4.
Falls du die meisten Fragen *verneinen* konntetst, können wir dir vielleicht zusätzliche Anregungen geben, um deine Rechenkünste noch weiter zu verbessern.

Löse deine „Rechenbremse“!

Zunächst musst du wissen, dass jeder normal begabte Mensch das Rechnen lernen kann. Wenn du nicht gerade zu der Gruppe von Schülern gehörst, die an einer Rechenschwäche leiden, kannst du davon ausgehen, dass du einen angeborenen Zahlensinn hast.
Die amerikanische Psychologin Karen Wynn hat die erstaunliche Entdeckung gemacht, dass bereits vier Monate alte Säuglinge Zahlen erkennen und einfache Plus- und Minusaufgaben durchführen können. Bis jedoch ein Kind die ersten Rechnungen mit Hilfe der Finger durchführt, vergehen noch ein paar Jahre. Mit sieben Jahren können fast alle Kinder Additionsergebnisse mit einstelligen Zahlen auswendig. Das ist die Basis für alle anderen Rechnungen. Hast du das gelernt, dann kannst du alles andere auch lernen. Übung macht den Meister: Mit dem Rechnen ist das so ähnlich wie mit dem Laufen. Niemand wird als Sprinter geboren. Aber mit dem entsprechenden Training kann jeder seine Leistungen verbessern.

Lass dir bloß nichts einreden!
Lass dir von niemandem einreden, dass du nicht rechnen kannst – weder von deinen Lehrern, noch von deinen Eltern oder Freunden. Entwickle den Ehrgeiz, sie vom Gegenteil zu überzeugen!

„Ich rechne von Tag zu Tag immer besser!"
Wiederhole diesen Satz während unseres Trainingsprogramms so oft wie möglich laut – mindestens fünf Mal am Tag. So löst du Schritt für Schritt deine innere Rechenbremse.

Rüdiger Gamm – ein Meister im Kopfrechnen
Rüdiger Gamm ist ein wahrer Rechenkünstler. In Sekundenschnelle führt er Rechnungen im Kopf aus, deren Ergebnisse im Billiardenbereich liegen. Im Gegensatz zu normalen Rechnern braucht er für Aufgaben wie 7.921 x 37.921 weder Taschenrechner noch Papier und Stift.
Wie macht er das?
Rüdiger Gamm hat wie du das Rechnen in der Schule gelernt, obwohl er dort nicht einmal besonders gut war. Aber erst im Alter von zwanzig Jahren entdeckte er seine Leidenschaft für das Rechnen. Dann hat er begonnen, über einen Zeitraum von zwei Jahren täglich sechs bis acht Stunden zu trainieren. Im Gegensatz zu normalen Rechnern setzt er dabei sein Langzeitgedächtnis ein. Das hilft ihm, die Zwischenergebnisse abzuspeichern und bei Bedarf im Arbeitsgedächtnis weiter zu verarbeiten. Heute trainiert er jeden Tag nur noch eine halbe Stunde.

Und was kannst du daraus lernen?
Die Fähigkeit schnell zu rechnen ist nicht angeboren, sondern erlernbar. Durch richtiges und regelmäßiges Training kann jeder ein Rechen-Profi werden.

Zahlen faszinieren

Natürlich muss nicht jeder ein Rechenkünstler werden. Im Alltag reicht es meistens aus, wenn du mit maximal drei- oder vierstelligen Zahlen rechnen kannst. Aber gerade von großen Zahlen in Millionen- oder Milliardengröße geht eine große Faszination aus:

- Ein Mensch besitzt ca. 100 Milliarden Gehirnzellen. Alle Gehirnzellen und die sie verbindenden Nervenfasern zusammengenommen ergeben eine Strecke von ca. 500.000 km Länge. Das ist weiter als die Entfernung von der Erde zum Mond!
- Dein Herz wird ca. 3 Milliarden Mal schlagen und du blinzelst ca. 450 Millionen Mal in deinem Leben.

Wenn du diese Zahlen richtig einschätzen willst, musst du wissen, wie unser Zahlensystem aufgebaut ist und wie man es optimal nutzt. Gerade bei großen Zahlen interessieren wir uns im Alltag häufig nicht für das exakte Ergebnis – eine Ahnung von der Größenordnung reicht meistens aus. Dazu kannst du mit den gerundeten Zahlen in den entsprechenden Zahlenbereichen rechnen. Kein Mensch verlangt von dir z.B., dass du 1.245 x 897 im Kopf ausrechnest.

Aufgabe 1

Versuche 1.200 x 900 im Kopf auszurechnen. Vergleiche das Ergebnis mit der Lösung der Aufgabe 1.245 x 897.

Hast du die Aufgabe im Kopf lösen können? Wenn nicht, auch nicht schlimm. Wenn du dieses Buch bis zum Schluss gelesen hast, dann wirst du das sicher können.
Aufgaben schnell und richtig zu lösen, bringt dir viele Vorteile:

- Du fühlst sich beim Rechnen sicherer – egal, ob bei kleinen oder großen Zahlen.
- Du traust dir beim Rechnen mehr zu.
- Du kannst auch neuen Lösungswegen problemlos folgen.
- Du hast in den Klassenarbeiten mehr Zeit zum Lösen für die wirklich kniffligen Aufgaben.
- Du kannst andere mit deiner Rechenkunst verblüffen.
- Nicht zuletzt ist Kopfrechnen ein ausgezeichnetes Training, um deine Gehirnleistung zu verbessern.

Du siehst: Es lohnt sich auf alle Fälle, an deinen Rechenfähigkeiten zu arbeiten.

Zusammenfassung

- **Das Rechnen wird dir umso leichter fallen, je positiver deine innere Einstellung zum Rechnen ist.**
- **Jeder Mensch kann Rechnen lernen. Mit intensivem Training kannst auch du ein Rechenkünstler werden.**

- **Schnelles Rechnen bringt dir unzählige Vorteile. Vor allem wirst du selbstbewusster!**

2. Die Grundlagen für schnelles Rechnen

Beherrschst du die Grundrechenarten mit Zahlen von 1 bis 100?

Interessieren dich kleine Tricks, die dir das Rechnen leichter machen?

Weißt du, wie wichtig die Konzentration für schnelles und erfolgreiches Rechnen ist?

Nun weißt du, dass deine innere Einstellung zum Rechnen stimmen musst. Aber die Einstellung alleine macht dich natürlich noch nicht zum Rechen-Profi. Besonders wichtig ist, dass du die basics – die Grundlagen für schnelles Rechnen – beherrschst. Das ist der Fall, wenn du sämtliche Grundrechenarten (+, -, x und :) mit den Zahlen von 1 bis 100 kannst.

Schätze einmal deine momentane Leistung selbst ein. Beherrschst du die Grundrechenarten mit den Zahlen von 1 bis 100?

- ◯ Erstklassig: Ob plus oder minus, mal oder geteilt – ich rechne jede Aufgabe mit Zahlen von 1 bis 100 richtig.
- ◯ So la la: Gelegentlich passieren mir dabei noch Fehler.
- ◯ Eher bedenklich: Außer bei den einfachen Plusaufgaben klappen die Rechnungen noch nicht so recht.

Es kann viele Gründe geben, weshalb du im Moment noch nicht so gut und schnell rechnen kannst. Wir wollen in drei kleinen Tests herausfinden, woran es liegen könnte. Kennst du erst einmal deine Schwächen, dann kannst du sie durch gezielte Übungen beseitigen und schließlich sogar in Stärken umwandeln.

Basic-Test 1

Dieser Test wird dir zeigen, wie schnell du bereits rechnen kannst. Versuche in *fünf Minuten* möglichst viele der folgenden 32 Aufgaben richtig zu lösen. Achte darauf, dass du wirklich nicht länger als fünf Minuten rechnest!

1)	7 x 6 =	17)	64 + 13 =
2)	4 x 8 =	18)	38 - 15 =
3)	24 + 15 =	19)	36 : 6 =
4)	85 - 19 =	20)	7 x 5 =
5)	63 : 9 =	21)	17 + 48 =
6)	91 - 37 =	22)	52 - 37 =
7)	57 - 23 =	23)	56 : 7 =
8)	5 x 9 =	24)	6 x 4 =
9)	54 : 6 =	25)	43 + 24 =
10)	17 + 18 =	26)	42 : 7 =
11)	49 : 7 =	27)	23 - 14 =
12)	81 : 9 =	28)	3 x 8 =
13)	97 - 23 =	29)	4 x 9 =
14)	73 + 18 =	30)	64 : 8 =
15)	8 x 9 =	31)	99 - 47 =
16)	27 + 29 =	32)	37 + 35 =

Überprüfe deine Ergebnisse anhand der Lösungen auf der Seite 123 und gib dir für jede richtig gelöste Aufgabe einen Punkt.

Markiere deine Punktzahl in dem Diagramm:

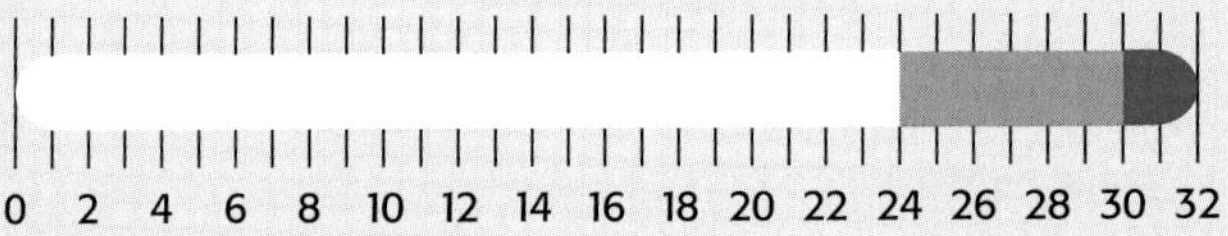

Deine Ergebnisse liegen im blauen Bereich?

Glückwunsch, sehr gut! Du hast die besten Voraussetzungen, um deine Rechengeschwindigkeit noch weiter zu steigern.

Deine Ergebnisse liegen im grauen Bereich?

Schau dir deine falsch gelösten Aufgaben noch mal genau an. Liegt es vielleicht daran, dass du eine bestimmte Rechenart, z.B. Dividieren, noch nicht so gut beherrschst? Wenn ja, dann solltest du diese Rechenart bei deinem Training zur Geschwindigkeitssteigerung ausklammern. Die anderen Rechenarten kannst du jetzt bereits auf Schnelligkeit trainieren.

Deine Ergebnisse liegen im weißen Bereich?

Dies ist ein Zeichen dafür, dass du im Bereich von 1 bis 100 noch mehr Sicherheit benötigst. Für dich sollte es in erster Linie darum gehen, dass du richtig rechnest. Erst wenn du alle Aufgabentypen im Hunderterraum „im Schlaf" beherrschst, kannst du schließlich auf Schnelligkeit trainieren.

Clevere Tricks fürs Kopfrechnen

Trick 1

Musst du + 9 rechnen, dann ist es einfacher, zuerst + 10 und anschließend - 1 zu rechnen. Entsprechend rechnest du bei + 19 zuerst + 20 und dann - 1.

Bei der Aufgabe 64 + 19 rechnest du einfach 64 + 20 - 1.

Ähnlich verfährst du, wenn du - 9 rechnen musst. In diesem Fall rechne erst - 10 und dann + 1. Genauso rechnest du bei - 19 (- 20 + 1), - 29 (- 30 + 1) usw. Die Aufgabe 87 - 29 rechnest du geschickt 87 - 30 und dann + 1.

Das Prinzip funktioniert übrigens auch beim Multiplizieren: Rechne z.B. bei 17 x 9 einfach 17 x 10 - 17 x 1.

Trick 2

Wenn du zwei oder mehr Zahlen addieren musst, dann ändere die Reihenfolge, wenn sich durch Umstellen der Rechnung volle Zehner als Zwischenergebnisse ergeben.

Die Aufgabe 18 + 14 + 12 lässt sich durch Umstellen leichter rechnen. Du rechnest 18 + 12 (= 30) + 14.

Trick 3

Plus ist leichter als Minus. Wenn du in einer Rechnung mehrere Zahlen subtrahieren musst, dann darfst du diese Zahlen zuerst addieren und dann subtrahieren.

Die Aufgabe 97 - 12 - 28 ist leichter zu lösen, wenn du zuerst 12 + 28 = 40 und schließlich 97 - 40 rechnest.

Trick 4

Wenn du mehrere gleiche Zahlen zusammenrechnen musst, dann nutzt du das Multiplizieren zur Vereinfachung.
Die Aufgabe 5 + 5 + 5 + 5 wird also zu 4 x 5.

Trick 5

Beim Multiplizieren mit der Zahl 0 kommt immer 0 heraus. Die Aufgabe 1 x 2 x 3 x 4 x 5 x 6 x 7 x 0 rechnest du nicht, sondern schreibst gleich das Ergebnis (= 0) hin.

Trick 6

Wenn du eine Zahl mit 10 multiplizieren musst, dann hängst du an die Zahl einfach eine Null an. Entsprechend zwei Nullen bei x 100, drei Nullen bei x 1.000 u.s.w.

Trick 7

Wenn du eine gerade Zahl mit 5 multiplizieren musst, dann kannst du diese Zahl durch 2 teilen und das Ergebnis mit 10 malnehmen.
Die Aufgabe 5 x 16 wird dadurch zu 10 x 8.

Trick 8

Wenn du die Aufgabe 7 x 12 rechnen sollst, dann rechnest du 7 x 10 + 7 x 2.
So kannst du natürlich sämtliche Aufgaben aus dem mittleren Einmaleins lösen (z.B. 9 x 17 = 9 x 10 + 9 x 7 oder noch besser 9 x 10 + 10 x 7 - 1 x 7). Kapiert?

Basic-Test 2

Dieser Test wird dir zeigen, wie gut und schnell du in der Lage bist, die „cleveren Rechentricks" bereits erfolgreich anzuwenden. Du hast nun genau *fünf Minuten* Zeit zur Bearbeitung der 24 Aufgaben.

1)	88 - 9 =	10)	12 x 10 =
2)	64 + 19 =	11)	5 x 9 =
3)	87 - 29 =	12)	5 x 12 =
4)	36 : 2 =	13)	5 x 16 =
5)	52 : 2 =	14)	7 x 12 =
6)	78 : 2 =	15)	9 x 11 =
7)	26 + 26 =	16)	4 x 19 =
8)	47 + 47 =	17)	3 x 18 =
9)	5 x 10 =	18)	97 - 12 - 28 =

19)	18 + 14 + 12 =
20)	5 + 5 + 5 + 5 =
21)	7 + 7 + 9 + 9 =
22)	4 + 4 + 4 + 6 + 6 + 6 =
23)	1 x 2 x 3 x 4 x 0 =
24)	3 x 5 x 7 x 9 x 0 =

Überprüfe wieder deine Ergebnisse mit den Lösungen auf der Seite 123 und gib dir für jede richtig gelöste Aufgabe einen Punkt.

Mehr als 22 Aufgaben richtig gelöst?

Du bist schon ganz schön clever. Mach weiter so!

Zwischen 16 und 22 Aufgaben richtig gelöst?

Schon ganz schön gut. Mit ein wenig Training wirst du noch besser.

Weniger als 16 Aufgaben richtig gelöst?

Sieh es positiv: Du hast noch enorme Steigerungsmöglichkeiten. Also: Trainiere, trainiere, trainiere!

Lust auf ein Trainingsspiel?

So kannst du mit Freunden das trickreiche Kopfrechnen trainieren:

Du benötigst für das Spiel drei Würfel, ein Blatt Papier, einen Stift und möglichst einen oder mehrere Mitspieler. Jeder Spieler würfelt der Reihe nach drei Zahlen. Jeweils zwei der drei Zahlen müssen multipliziert und die dritte Zahl addiert werden. Der Spieler, der die höchste Punktzahl gewürfelt hat, bekommt einen Punkt. Wer die meisten Punkte errechnet hat, gewinnt die Runde.

Eine Variante: Das Spiel wird jetzt mit vier Würfeln gespielt. Je zwei Zahlen werden multipliziert, eine addiert und eine subtrahiert.

Konzentriert rechnen

Nur wenn du 100 Prozent konzentriert bist, kannst du schnell und erfolgreich rechnen.
Wie sehr sich die Konzentration auf deine Rechenleistung und Merkfähigkeit auswirkt, soll dir das folgende kleine Rechen-Experiment zeigen:
Rechne die folgenden Aufgaben konzentriert.

1)	3 - 2 =	6)	16 - 12 =
2)	5 - 2 =	7)	14 - 11 =
3)	7 - 3 =	8)	18 - 15 =
4)	9 - 6 =	9)	17 - 13 =
5)	8 - 4 =	10)	19 - 14 =

Denk dir jetzt sofort eine beliebige Zahl zwischen 5 und 12.
Fertig?
Diese Zahl habe ich mir gedacht:

Wenn du voll konzentriert gerechnet hast, dann hast du vermutlich die Zahl 7 oder eine Zahl, die in der Nähe der 7 liegt, gewählt. Dies liegt daran, dass dein Gedächtnis durch das stetige Subtrahieren auf Minus programmiert wurde (*12 - 5 = 7*).
Deine Konzentration beeinflusst also ganz stark den Erfolg beim Rechnen. Überprüfe nun deine Konzentrationsfähigkeit mit dem folgenden Test.

Basic-Test 3

Hier geht es um die volle Konzentration. Bei den folgenden Aufgaben sind die Zahlen durch Buchstaben ersetzt worden. Deine Aufgabe ist es, die Rechnung durchzuführen und das Ergebnis in Buchstaben anzugeben. Dazu hast du *zwei Minuten* Zeit.

0	1	2	3	4	5	6	7	8	9
b	**l**	**s**	**d**	**k**	**h**	**e**	**z**	**a**	**n**

1)	d x a =	9)	a - d =
2)	s - l =	10)	a + z =
3)	h x h =	11)	b x k =
4)	a - h =	12)	n - e =
5)	a x n =	13)	k : s =
6)	e + z =	14)	a : k =
7)	k : k =	15)	k x z =
8)	h + l =	16)	d x z =

Präge dir nun die folgenden Zahlen der Reihenfolge nach ein. Dafür hast du *eine Minute* Zeit. Anschließend blätterst du um und trägst die Zahlen in der richtigen Reihenfolge in die Kreise auf der nächsten Seite ein.

81 65 51 39 29 21 15 11 9 9

Vergleiche die Ergebnisse mit den Lösungen auf Seite 91. Für jedes richtige Ergebnis erhältst du einen Punkt. Für jede richtige in die Kästchen eingetragene Zahl gibt es ebenfalls einen Punkt. Die maximale Punktzahl beträgt also 26.

Mehr als 22 Punkte:

Du kannst dich beim Kopfrechnen super konzentrieren. Weiter so!

Zwischen 18 und 22 Punkten:

Voll in Ordnung! Willst du noch konzentrierter rechnen, dann können dir Übungsaufgaben wie beim vorherigen Test helfen.

Weniger als 18 Punkte:

Neben weiteren Übungsaufgaben empfehlen wir dir ein Konzentrations- und Gedächtnistraining.

Wie du deine Konzentration stärken und deine Gedächtnisleistung erhöhen kannst, erfährst du in unseren Büchern *„Konzentration – fit in 30 Minuten"* und *„Power-Gedächtnis – fit in 30 Minuten"*.

Der „richtige Riecher“

Im Normalfall musst du Aufgaben wie 3.456 + 2.859 nicht im Kopf rechnen. Eine erste richtige Einschätzung des Ergebnisses erhältst du durch einen Überschlag.

Erstmal überschlagen

Beim Überschlag rechnest du nicht mit den angegebenen Zahlen, sondern mit benachbarten Rundzahlen. Das Ergebnis dieser Rechnung liefert dir schnell und sicher einen Näherungswert für die Ausgangsrechnung.

Für die Aufgabe 3.456 + 2.859 bedeutet dies, dass du 3000 + 3000 = 6000 rechnest. Damit ist klar, dass das exakte Ergebnis in diesem Bereich liegen muss. Wenn du eine etwas genauere Angabe erhalten willst, dann rechne mit vollen Hunderten, also 3.400 + 2.800. Dazu rechnest du einfach 34 + 28 und hängst an das Ergebnis dieser Rechnung zwei Nullen an. Damit ist klar, dass das Ergebnis im Bereich von 6.200 liegen muss.

Tipp

Das Überschlagen kannst du am besten beim Einkaufen trainieren.

Versuche beim nächsten Einkauf im Supermarkt die Preise der einzelnen Artikel im Kopf zusammenzurechnen. Runde dazu die Preise auf volle Euro und später auf volle zehn Cent auf oder ab.

Damit du beim schnellen Rechnen richtig liegst und unnötige Fehler vermeidest, ist das Gespür für die Größenordnung eines Ergebnisses wichtig. Dies hilft dir zu entscheiden, ob deine Lösung richtig sein kann.

Aufgabe 2

Kreuze bei jeder Aufgabe den richtigen Zahlenbereich an. Kontrolliere anschließend deine Ergebnisse mit den Lösungen auf Seite 123.

Das Ergebnis liegt

1) 825 x 2
- ○ a) zwischen 0 und 1.000
- ○ b) zwischen 1.000 und 10.000
- ○ c) über 10.000

2) 479 + 389
- ○ a) zwischen 0 und 1.000
- ○ b) zwischen 1.000 und 10.000
- ○ c) über 10.000

3) 12.589 - 4.879
- ○ a) zwischen 0 und 1.000
- ○ b) zwischen 1.000 und 10.000
- ○ c) über 10.000

4) 850 x 25
- ○ a) zwischen 0 und 1.000
- ○ b) zwischen 1.000 und 10.000
- ○ c) über 10.000

5) 8.650 : 50

- ○ a) zwischen 0 und 1.000
- ○ b) zwischen 1.000 und 10.000
- ○ c) über 10.000

6) 12.457 + 453

- ○ a) zwischen 0 und 1.000
- ○ b) zwischen 1.000 und 10.000
- ○ c) über 10.000

Zusammenfassung

Die „basics" für schnelles und erfolgreiches Rechnen sind:

- **Du beherrschst die Grundrechenarten mit Zahlen zwischen 1 und 100.**
- **Du kannst Rechnungen mit Hilfe cleverer Tricks vereinfachen.**
- **Du kannst dich beim Rechnen voll konzentrieren.**
- **Du hast eine Spürnase für die Größenordnung und die Nähe von Ergebnissen.**

3. Den Rechenturbo einschalten

Kennst du Tricks, wie du auch große Zahlen schneller addieren und subtrahieren kannst als dein Mathelehrer?

Möchtest du erfahren, wie du Aufgaben auch aus dem großen Einmaleins spielend im Kopf rechnen kannst?

Interessieren dich Tricks, wie du schneller und leichter dividieren kannst?

Der Rechenturbo-Effekt

Im zweiten Kapitel hast du erfahren, dass der sichere Umgang mit zweistelligen Zahlen wichtig für schnelles Rechnen ist. In diesem Kapitel lernst du zu jeder Rechenart ein paar Turbotricks, mit deren Hilfe du deine Rechengeschwindigkeit mit diesen Zahlen enorm steigern kannst.

Mit ein wenig Übung bist du bei einigen Aufgaben schneller als ein Taschenrechner. Was dir sicher noch mehr Spaß macht: Du lernst schneller zu rechnen als dein Mathelehrer.

Lies dir zunächst das ganze Kapitel durch und such dir dann den Trick heraus, der dir besonders gut gefällt. Übe diesen Trick eine Woche lang täglich, bis er dir in Fleisch und Blut übergegangen ist. Anschließend wirst du keine Gelegenheit mehr auslassen, diesen Trick anzuwenden. Wie ein Detektiv fahndest du nach den Zahlen, auf die sich der Trick anwenden lässt.

Mit Sicherheit hast du dann Lust, weitere Tricks auszuprobieren. So eignest du dir nach und nach jeden der Tricks an und wirst dadurch immer mehr zu einem Rechenkünstler.

Noch ein Tipp für diejenigen, die es nicht abwarten können!

Um Verwechslungen der Tricks vorzubeugen, solltest du auf keinen Fall mehr als einen Trick pro Tag lernen.

Turbotricks zum Addieren

Im Alltag sind rund 70% aller Rechnungen Additionen. Es lohnt sich also, mit ein paar Tricks diese Aufgaben leichter zu machen. Die Addition zweier Zahlen bereitet normalerweise keine Schwierigkeiten und schon gar nicht, wenn du schriftlich rechnest. Schwieriger wird es dann, wenn du drei, vier oder mehr Zahlen addieren musst.

Rechnen mit Zahlenduos, die als Summe 10 ergeben

Addiere die nebenstehenden vier Zahlen schriftlich:

$$\begin{array}{r} 33 \\ +\ 68 \\ +\ 87 \\ +\ 42 \\ \hline \end{array}$$

Du rechnest wie beim schriftlichen Addieren üblich zuerst die Einer zusammen. Dabei rechnest du aber immer die zwei Zahlen zusammen, die jeweils 10 ergeben. In unserem Beispiel also 2 + 8 und 7 + 3. Auf einen Blick siehst du dadurch, dass die Einer 20 ergeben. Das Ergebnis wird wie gewohnt notiert. Und anschließend wendest du das gleiche Verfahren bei den Zehnern an. Damit du mit dieser Methode blitzschnell rechnen kannst, solltest du alle Zahlenpaare, die 10 ergeben, auswendig können.

Aufgabe 3

Finde alle Zahlenduos, die beim Addieren 10 ergeben.

Rechnen mit Zahlentripeln, die als Summe 10 ergeben

Während viele die Zahlenpaare auswendig können, die zusammen 10 ergeben, können aber nur wenige die Zahlentripel auswendig, die 10 ergeben.

Aufgabe 4

Liste alle Kombinationen von drei Zahlen auf, die zusammen 10 ergeben.

Tipp

Wenn du in einer Aufgabe mehrere Zahlen addieren musst, dann ordne sie gleich beim Aufschreiben so, dass die Zahlen direkt untereinander stehen, die zusammen 10 ergeben. Probiere das bei folgender Aufgabe gleich mal aus!

224 + 118 + 325 + 216 + 535 + 422 =

Lust auf ein Trainingsspiel?

Mit diesem Spiel hast du die Möglichkeit, das Erkennen von Zahlenpaaren und -tripeln zu trainieren.
Für das Spiel benötigst du ein Blatt Papier und ca. 10 Würfel. Spieler A würfelt und versucht innerhalb einer Minute möglichst viele Zahlenpaare oder -tripel zu finden, die zusammen 10 ergeben. Für jeden vollen Zehner erhält er einen Punkt. Jeder Würfel darf dabei nur einmal verwendet werden. Anschließend ist Spieler B an der Reihe.
Gewonnen hat der Spieler mit der höchsten Punktzahl.

Turbotricks zum Subtrahieren

Die meisten Menschen rechnen lieber Plus als Minus. Aus diesem Grund solltest du beim Subtrahieren unbedingt die Ergänzungsmethode anwenden.

Ergänze!

Willst du z.B. 38 - 25 rechnen, dann ergänzt du die 25 auf die 38. Dazu beantwortest du einfach die Frage „25 plus welche Zahl ergibt 38?"
Beim schriftlichen Subtrahieren wendest du diese Methode ja bereits an, indem du erst die Einer, dann die Zehner, Hunderter etc. ergänzt.

Ergänze paarweise!

In einigen Fällen bist du schneller, wenn du beim Ergänzen paarweise vorgehst. Dieses Verfahren bietet sich an, wenn du zwei große Zahlen subtrahieren musst und wenn du die Ergänzung ohne großes Nachdenken siehst.
Indem du die Aufgabe beim Hinschreiben schon paarweise ordnest, kannst du dieses Verfahren unterstützen.
Probiere die Methode nun einmal aus:

33 64 27	76 83 32	56 84 69
- 45 53 19	- 1 71 25	- 38 82 57

Beim Subtrahieren mehrerer Zahlen zeigt sich der wahre Vorteil der Ergänzungsmethode. Beachte, dass du jetzt wieder spaltenweise vorgehst!
Du hast die folgende Aufgabe zu lösen:

```
  7875
- 1128
- 1247
- 2197
------
```

Du addierst zuerst die Einer, die abgezogen werden. Dann ergänzt du die 22 Einer auf 25: 22 + … = 25. Die 3 notierst du in der Ergebniszeile wie gewohnt. Danach notierst du die 2 unter der 9, da du dir zwei Zehner geborgt hast.

In der gleichen Weise gehst du anschließend bei den Zehnern, den Hundertern und den Tausendern vor.

Aufgabe 5

Führe die oben begonnene Aufgabe zu Ende.

Profis können bei dieser Methode auch paarweise subtrahieren. Traust du es dir zu, dann probiere es doch einfach gleich aus!

Tipp

Wenn du große Zahlen im Kopf subtrahieren musst, dann kannst du folgende Methode anwenden:

426 - 287 = 426 - 300 + 13

Ziehe den nächsten vollen Hunderter ab und rechne die Hunderterergänzung dazu.

Turbotricks zum Multiplizieren

Zuerst wiederholen wir zwei der „cleveren Tricks" zur Multiplikation mit bestimmten Zahlen. Diese Tricks dienen als Grundlagen für die Turbotricks.

Multiplikation mit 10, 100, 1.000

- Du multiplizierst eine natürliche Zahl mit 10, indem du an diese Zahl eine Null anhängst (z. B. 45 x 10 = 450).
- Du multiplizierst eine natürliche Zahl mit 100, indem du an diese Zahl zwei Nullen anhängst (z. B. 21 x 100 = 2.100).
- Du multiplizierst eine natürliche Zahl mit 1.000, indem du an diese Zahl drei Nullen anhängst (z. B. 16 x 1.000 = 16.000).

Multiplikation mit 5

Berechne folgende Aufgaben möglichst schnell im Kopf!

1)	14 x 5 =	4)	17 x 5 =
2)	26 x 5 =	5)	23 x 5 =
3)	32 x 5 =	6)	37 x 5 =

Hoffentlich hast du dich bei den Aufgaben 1 bis 3 an einen der *„cleveren Tricks zum Kopfrechnen"* aus Kapitel 2 erinnert. Du multiplizierst eine gerade Zahl mit 5, indem du diese

Zahl halbierst und das Ergebnis mit 10 multiplizierst.
Kürzer: Indem du die Zahl halbierst und an das Ergebnis eine Null anhängst (36 x 5 = (36 : 2) x 10 = 18 x 10 = 180).

Mit einer kleinen Änderung funktioniert dieser Trick auch bei der Multiplikation einer ungeraden Zahl mit 5.
Du multiplizierst eine ungerade Zahl mit 5, indem du die ungerade Zahl durch 2 teilst und an das ganzzahlige Teilergebnis eine 5 anhängst.

Beispiel:

19 x 5 = …

19 : 2 = 9 Rest 1

Das ganzzahlige Teilergebnis der Aufgabe 19 : 2 ist 9.
Du hängst an die 9 eine 5 an und bist fertig.

Die Multiplikation mit 50 und mit 500 dürfte jetzt auch kein Problem mehr darstellen.

- Du multiplizierst eine Zahl mit 50, indem du die Zahl mit 5 und das Ergebnis mit 10 multiplizierst.
- Du multiplizierst eine Zahl mit 500, indem du die Zahl mit 5 und das Ergebnis mit 100 multiplizierst.

Aufgabe 6

Multipliziere die folgenden Zahlen mit 5, 50 und 500!

1) 18 2) 24 3) 36 4) 17 5) 29 6) 33

Multiplizieren im großen Einmaleins

Viele finden die Aufgaben aus dem großen Einmaleins, also die Aufgaben von 11 x 11 bis 19 x 19 viel zu schwer, um sie im Kopf zu lösen. Mit dem folgenden Trick ist dies aber ganz leicht.

Beispiel:

Du willst die Zahlen 15 und 18 multiplizieren. Dann gehe wie folgt vor:

1. Zähle die Einer der einen Zahl zu der anderen Zahl dazu. In unserem Beispiel: 15 + 8 oder 5 + 18 = 23.
2. Multipliziere das Ergebnis mit 10 oder anders ausgedrückt hänge an das Ergebnis eine Null an.
   In unserem Beispiel: 23 x 10 = 230.
3. Addiere zu dem Ergebnis aus Punkt 2 das Produkt der Einer hinzu.
   In unserem Beispiel: 230 + 5 x 8 = 230 + 40 = 270.
   Das ist die Lösung! Einfach, oder?

Mit ein wenig Übung geht das sehr schnell. Du sprichst dir dann nur noch die Zwischenergebnisse der einzelnen Punkte im Kopf vor:

15 mal 18 gleich 23, 230 plus 40. Das Ergebnis lautet 270.

Aufgabe 7

Probiere es gleich mal aus:

1) 14 x 19 2) 16 x 17 3) 13 x 18 4) 17 x 18 5) 12 x 19

Multiplizieren von zehnergleichen zweistelligen Zahlen

Multiplikation von zehnergleichen zweistelligen Zahlen hört sich wie vieles in der Mathematik kompliziert an, ist es aber nicht. Gemeint sind Aufgaben wie 23 x 27, 34 x 36, 45 x 47 oder 92 x 97. Bald kannst du auch diese Aufgaben im Kopf lösen.

Beispiel:

Du willst die Zahlen 62 und 68 multiplizieren. Bei der Lösung dieser Aufgabe gehst du ähnlich vor wie bei den Aufgaben des großen Einmaleins.

1. Zähle die Einer der einen Zahl zu der anderen Zahl dazu.
   In unserem Beispiel: *2 + 68* oder *62 + 8 = 70*.
2. Multipliziere das Ergebnis mit 60, indem du das Ergebnis mit 6 multiplizierst und danach eine Null anhängst.
   In unserem Beispiel: *70 x 6 x 10 = 420 x 10 = 4.200*.
3. Addiere zu dem Ergebnis das Produkt der Einer hinzu.
   In unserem Beispiel: *4.200 + 2 x 8 = 4.200 + 16 = 4.216*.

Auch hier denkst du dir später nur noch die Zwischenergebnisse der einzelnen Punkte:

62 mal 68 gleich 70 mal 6 mal 10, 4.200 plus 2 mal 8 gleich 16. Das Ergebnis lautet 4.216.

Aufgabe 8

Berechne:

1) 22 x 22 2) 33 x 33 3) 44 x 44 4) 55 x 55

5) 66 x 66 6) 77 x 77 7) 88 x 88 8) 99 x 99

Turbotricks zum Dividieren

Die Division ist die wohl unbeliebteste Rechenart. Vor allem die schriftliche Division durch mehrstellige Zahlen bereitet den meisten Schülern Kopfzerbrechen. Daher zählt hier jeder Rechenvorteil, den du ausnutzen kannst.
Für die folgenden Tricks musst du wissen, dass sich jede natürliche Zahl als Kommazahl darstellen lässt, d.h. du kannst z.B. aus 14 die Zahl 14,0 machen. Der Wert der Zahl wird dadurch nicht verändert. Es gilt 14 = 14,0!

Division durch 10, 100 und 1.000

- Ein Zahl wird durch 10 geteilt, indem das Komma um eine Stelle nach vorne verschoben wird.
  Beispiel: 24 : 10 = 24,0 : 10 = 2,4
- Eine Zahl wird durch 100 geteilt, indem das Komma um zwei Stellen nach vorne verschoben wird.
  Beispiel: 450 : 100 = 450,0 : 100 = 4,50
- Eine Zahl wird durch 1.000 geteilt, indem das Komma um drei Stellen nach vorne verschoben wird.
  Beispiel: 685 : 1.000 = 685,0 : 1.000 = 0,685

Aufgabe 9

Wie wird eine natürliche Zahl durch 10.000 und durch 100.000 geteilt?

Division durch 5, 50 und 500

- Du teilst eine Zahl durch 5, indem du die Zahl verdoppelst und dieses Ergebnis durch 10 teilst.
  Beispiel: 243 : 5 = 243 x 2 : 10 = 486 : 10 = 48,6
- Du teilst eine Zahl durch 50, indem du die Zahl verdoppelst und dieses Ergebnis durch 100 teilst.
  Beispiel: 452 : 50 = 452 x 2 : 100 = 904 : 100 = 9,04
- Du teilst eine Zahl durch 500, indem du die Zahl verdoppelst und dieses Ergebnis durch 1.000 teilst.
  Beispiel:
  854 : 500 = 854 x 2 : 1.000 = 1.708 : 1.000 = 1,708

Division durch 25 und 125

- Du teilst eine Zahl durch 25, indem du die Zahl vervierfachst und dieses Ergebnis durch 100 teilst.
  Beispiel: 253 : 25 = 253 x 4 : 100 = 1.012 : 100 = 10,12
- Du teilst eine Zahl durch 125, indem du die Zahl verachtfachst und dieses Ergebnis durch 1.000 teilst.
  Beispiel:
  155 : 125 = 155 x 8 : 1.000 = 1.240 : 1.000 = 1,240

Aufgabe 10

Teile folgende Zahlen durch 5:

1) 86 2) 164 3) 427

Teile die Zahl 5.634 durch

4) 5 5) 25 6) 50 7) 125

Geschickt schriftlich teilen

Wenn du eine Zahl durch 6 teilen willst, dann kannst du die Zahl erst durch 2 und das Ergebnis dann durch 3 teilen.
Beispiel: 156 : 6 = (156 : 2) : 3 = 78 : 3 = 26
Du fragst dich sicher, welchen Vorteil das hat. Bei dieser Aufgabe sicherlich keinen. Wenn du aber eine Zahl schriftlich durch 18 teilen willst, dann kommst du leichter zum Ergebnis, wenn du erst durch 6 und dann durch 3 teilst.
Beispiel: 5.202 : 18 = (5.202 : 6) : 3 = 867 : 3 = 289
Du kannst diese Rechnung folgendermaßen hinschreiben:

```
 5202 : 6 = 867 : 3 = 289
-48        -6
----       --
  40        26
 -36       -24
 ---       ---
   42        27
  -42       -27
  ---       ---
    0         0
```

Diese Schreibweise ist natürlich mathematisch nicht ganz korrekt aber dafür sehr praktisch. Du kannst dir also viele Divisionsaufgaben durch zweistellige Zahlen erleichtern, indem du durch die einstelligen Faktoren dieser Zahl teilst. Wenn du daran zweifelst, dann teile doch mal die Zahl 50.496 durch 64. Anschließend teile 50.496 durch 8 und das Ergebnis wieder durch 8.
Wenn du willst, dann kannst du die Zeit für beide Rechnungen stoppen und anschließend vergleichen. Mal sehen, mit welcher Methode du schneller zum Ziel kommst!

Diese Methode kannst du natürlich gerade dann anwenden, wenn du durch eine drei- oder vierstellige Zahl teilen musst.

Beispiel: 5.565 : 105

105 ist 5 mal 21 und 21 ist 3 mal 7

Schritt 1: 5.565 : 5 = 1.113

Schritt 2: 1.113 : 3 = 371

Schritt 3: 371 : 7 = 53

Aufgabe 11

Berechne auf diese Art und Weise 282.375 : 375.

Zusammenfassung

- **Addieren geht schneller, wenn du die Zahlenduos und -trios beherrschst, die zusammen 10 und 20 ergeben.**
- **Schneller subtrahieren kannst du, wenn du die Ergänzungsmethode anwendest. Beim schriftlichen Subtrahieren mehrerer Zahlen kannst du dabei sogar paarweise vorgehen.**
- **Wendest du die Turbotricks zum Multiplizieren an, dann kannst du die Aufgaben des großen Einmaleins schneller im Kopf lösen als dein Mathelehrer.**
- **Schriftliches Dividieren durch mehrstellige Zahlen wird leichter, wenn du die Zahl in einstellige Faktoren zerlegst und dann in mehreren Schritten teilst.**

4. Dein Weg zum Rechenkünstler

Kennst du die 7-Schritt-Methode?

Den Weg zum Rechenkünstler planen – wie geht das?

Weißt du, wie man ein Trainingstagebuch führt?

Kannst du jetzt schon die Aufgaben 19 x 18 und 43 x 48 im Kopf lösen? Weißt du noch, wie du zehnergleiche Zahlen im Kopf multiplizieren kannst?

- Ja, ich kann mich ohne Probleme an die Methode erinnern.
- Nein, ich habe zwar die Übungsaufgaben richtig gelöst, kann mich aber nicht mehr an die einzelnen Rechenschritte erinnern.
- Nein, ich habe weder den Trick verstanden noch habe ich die Übungsaufgaben durchgerechnet.

Wenn du die Aufgaben nicht mehr im Kopf lösen konntest, dann ist dies ärgerlich aber nicht ungewöhnlich.

Sieben Schritte zum Erfolg

Damit du in Zukunft keine Regel und keinen Trick mehr vergisst, geh beim Lernen nach der 7-Schritt-Methode vor:

1. Du liest dir die Rechenregeln und -tricks in Ruhe durch und notierst sie in dein Heft oder auf eine Karteikarte.
2. Du rechnest die Beispielaufgaben in Gedanken mit.
3. Du versuchst, den Sinn der Methode zu verstehen.
4. Du wiederholst die einzelnen Schritte im Kopf, die zur Lösung führen.
5. Du überprüfst, ob du irgendwas vergessen hast.
6. Du rechnest einige Übungsaufgaben.
7. Du erklärst jemandem die Regel bzw. den Trick, denn: *„Menschen lernen, wenn Sie lehren."* Seneca

Schritt 1:

Was trainiere ich?

Auf deinem Weg zum Rechenkünstler musst du die verschiedenen Rechenarten aus dem Effeff können. Kreuze in der Liste unten an, welche Rechenarten du bereits sehr gut beherrschst. Falls du dir bei einem Punkt unsicher bist, kannst du ja deine Eltern oder Lehrer fragen.

Diese Rechenarten beherrsche ich schon sehr sicher:

- Addieren von Zahlen zwischen 1 und 100
- Addieren von großen Zahlen
- Subtrahieren von Zahlen zwischen 1 und 100
- Subtrahieren von großen Zahlen
- Das kleine Einmaleins
- Das große Einmaleins
- Dividieren durch einstellige Zahlen
- Dividieren von mehrstelligen Zahlen

Die Punkte, die du noch nicht angekreuzt hast, geben dir Hinweise, in welchen Bereichen du dich noch weiter verbessern kannst.

Die Ziele festlegen

Bevor du mit dem Training loslegst, musst du dir darüber im Klaren sein, was du genau trainieren möchtest. Schreibe auf, welche Rechenarten, -techniken bzw. Fähigkeiten du durch ein gezieltes Training verbessern willst. Dies sind deine Meilensteine auf dem Weg zum Rechenkünstler. Formuliere deine Ziele sehr konkret, also z. B. nicht einfach *„Ich möchte schneller rechnen lernen"* oder *„Ich möchte besser werden"*, sondern *„Ich möchte schneller im Kopf das kleine Einmaleins beherrschen"* oder *„Ich möchte in Zukunft Fehler beim schriftlichen Dividieren vermeiden"*.

Meine Ziele auf dem Weg zum Rechenkünstler

Nachdem du dir überlegt hast, welche Rechenarten und welche Fähigkeiten du trainieren willst, musst du nun die Marschroute festlegen, auf der du sie trainieren willst.

Die Marschroute festlegen

Bei der Festlegung der Reihenfolge kann dir die Beantwortung der folgenden Fragen behilflich sein:

- Gibt es ein Ziel, das an erster Stelle steht? Eine Verbesserung in diesem Gebiet würde für dich einen enormen persönlichen Fortschritt bedeuten, dir schnell Erfolg bringen und dich so besonders motivieren.
- Gibt es Rechenbereiche, die hintereinander trainiert werden müssen? Bevor du z.B. das Dividieren lernst, musst du erst das Multiplizieren beherrschen.
- Gibt es Themen, die dir besonders viel Spaß bereiten? Wenn dir z.B. ein bestimmter Turbotrick besonders gut gefällt, dann sollte dich keiner davon abhalten, den Trick bis zur Perfektion zu üben.
- Gibt es ein Thema, das eher unwichtig ist und somit vielleicht an letzter Stelle stehen könnte?
- Welche Reihenfolge würde dir dein Lehrer empfehlen?

Aufgabe 12

Überlege dir nun deine Marschroute und trage dazu in die Meilensteine ein, wo und wie du dich verbessern möchtest. Schreibe neben den jeweiligen Meilenstein, woran du schließlich erkennst, dass du dein Ziel erreicht hast.

Meilenstein 1

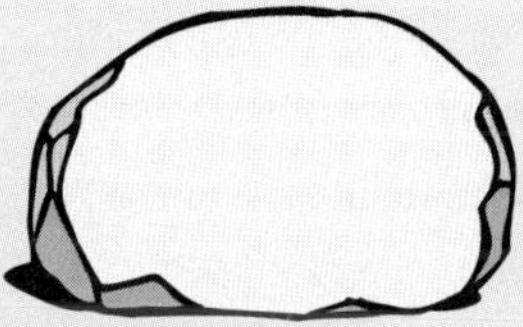

Meilenstein 2

Meilenstein 3

Und wie lief's bei Stefan?

Kannst du dich noch an die Geschichte von Stefan aus dem ersten Kapitel erinnern? Am Ende der 5. Klasse musste Stefan in Mathe eine Nachprüfung machen. Er wollte diese Prüfung bestehen und beschloss, ein Rechenkünstler zu werden. Seine Marschroute sah folgendermaßen aus:

1. Meilenstein: Training des kleinen Einmaleins

Einige Aufgaben aus dem kleinen Einmaleins musste er sich am Ende der 5. Klasse noch mühsam herleiten.

2. Meilenstein: Training der schriftlichen Rechenverfahren

Da er in Klassenarbeiten Nebenrechnungen machen durfte, war dies das beste Training, Rechenfehler zu vermeiden.

3. Meilenstein: Schnellschreibtraining

Da er langsamer als alle anderen schrieb, bekam er die Zeit nie in den Griff.

4. Meilenstein: Wiederholung aller Themen für die Nachprüfung

Zusätzlich legte Stefan fest, wann er zum nächsten Meilenstein wechselt. Beim kleinen Einmaleins nahm er sich z. B. vor, erst dann den zweiten Meilenstein in Angriff zu nehmen, wenn er 20 Aufgaben in einer Minute richtig lösen kann. Dieses Ziel hatte er nach drei Tagen bereits erreicht.

Übrigens: Stefan bestand die Nachprüfung locker und denkt heute viel positiver über das Rechnen!

Schritt 2:

Wie trainiere ich?

Du kennst jetzt deine Marschroute und weißt auch, wann du deine Meilensteine erreicht und erfolgreich hinter dir gelassen hast. Überlege jetzt, wie du zu deinem ersten Meilenstein gelangst.

Finde die richtigen Trainingsaufgaben

Die folgenden Fragen sollen dir helfen, passende Trainingsaufgaben für deinen ersten Meilenstein zu finden:

- *Stimmt die Rechnung der Aufgabe mit der Rechnung auf deinem ersten Meilenstein überein?*
  Steht auf deinem Meilenstein z. B. *„Ich möchte das große Einmaleins perfekt beherrschen"*, dann bringen dich sämtliche Aufgaben, bei denen du zwei Zahlen multiplizieren musst, dem Meilenstein näher.
- *Ist die Rechnung der Aufgabe mit der Rechnung auf deinem ersten Meilenstein verwandt?*
  Aufgaben, bei denen du mehrere gleiche Zahlen hintereinander addieren musst, bringen dich ebenfalls voran. Die Multiplikation ist ja nur eine abkürzende Schreibweise für die Addition von gleichen Zahlen.
- *Ist der Schwierigkeitsgrad der Aufgaben angemessen?*
  Ist die Aufgabe zu schwer, bringt sie dich nicht weiter, weil du auf der Stelle stehen bleibst. Ist sie hingegen zu leicht, bringt sie dich nur langsam voran.

Die richtige Trainingsdauer

Dein Training wird nur dann erfolgreich sein, wenn es dir Spaß macht und du dauerhaft motiviert bist. Deshalb ist auch die Dauer des täglichen Trainings von großer Bedeutung. Trainierst du zu lang, könntest du schon schnell die Lust verlieren. Das wiederum führt in der Regel zu einer schlechten Konzentration, was letztendlich unnötige Fehler zur Folge hat. Damit du nicht bereits früh außer Puste gerätst, solltest du dir für deine ersten Schritte nur ein Pensum vornehmen, das du ohne Probleme durchhalten kannst.

Aufgabe 13

Schau in dein Mathebuch und such dir eine Seite mit leichten Aufgaben heraus. Rechne so lange an diesen Aufgaben, bis du merkst, dass du keine Lust mehr hast. Diese Zeit ist deine tägliche Trainingsdauer in der kommenden Woche.

Jede durchgehaltene Tagesetappe wird dich so zum Weitermachen motivieren. Nach jeder Woche bestimmst du dein Tagespensum für die kommende Woche neu. Versuche dabei deine Trainingszeit langsam aber sicher zu erhöhen. Steigere dein Pensum dabei in kleinen Schritten.
Solltest du umgekehrt merken, dass du dir zu viel vorgenommen hast, dann verringere deine Trainingszeit entsprechend.

Aufgabe 14

Suche dir jetzt für den Trainingsbeginn Aufgaben, die dich zu deinem ersten Meilenstein führen. Die Aufgaben sollten für einen Zeitraum von einer Woche ausreichen.
Passende Aufgaben kannst du in Mathebüchern, Lernhilfen oder auf der Homepage *www.lernteam.de* finden.

Führe ein Trainingstagebuch!

Schreibe in dein Tagebuch, welche Aufgaben du an dem jeweiligen Tag gerechnet hast. So hast du die Kontrolle und verlierst auf deiner Reise nicht den Überblick.
Auf der Seite 120 findest du eine ausgefüllte Tagebuchseite als Beispiel und auf der Seite 121 eine leere Tagebuchseite als Kopiervorlage. Wenn du möchtest, kannst du diese Seite für dein persönliches Tagebuch kopieren. Unsere Tagebuchseiten beinhalten:

- Eine kurze Beschreibung der Aufgaben,
- die Menge der gerechneten Aufgaben,
- die Anzahl der richtigen Lösungen,
- die benötigte Rechenzeit und
- ein Stimmungsbarometer.

Mit dem Stimmungsbarometer schätzt du ein, wie du dich heute beim Rechnen gefühlt hast. Somit hast du am Ende der Woche einen Überblick darüber, an wievielen Tagen dir das Training Spaß gemacht hat.

Mein Trainingstagebuch

für

MONTAG, DEN 4. DEZEMBER

Training für den Meilenstein

Nr. 3 GROSSES EINMALEINS

Das habe ich heute gerechnet:

4 SCHRIFTLICHE ADDITIONSAUFGABEN
MIT MEHRSTELLIGEN ZAHLEN
8 AUFGABEN AUS DEM GROSSEN
EINMALEINS (IM KOPF!)
8 SCHRIFTLICHE MULTIPLIKATIONSAUF-
GABEN MIT MEHRSTELLIGEN ZAHLEN

Von 20 Aufgaben habe ich heute 18 Aufgaben richtig gelöst.

Dafür habe ich 16 Minuten benötigt.

So habe ich mich beim Training gefühlt:

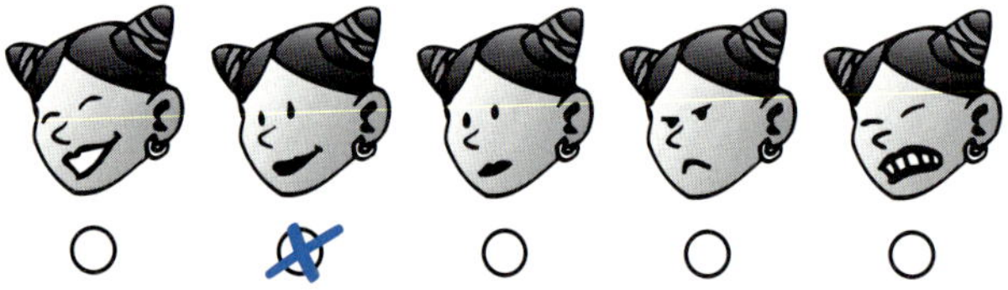

Mein Trainingstagebuch

für

Training für den Meilenstein

Nr.

Das habe ich heute gerechnet:

Von ◯ Aufgaben habe ich heute ◯ Aufgaben richtig gelöst.

Dafür habe ich ◯ Minuten benötigt.

So habe ich mich beim Training gefühlt:

LernTeam-Rechentraining

Auf der Homepage *www.lernteam.de* findest du im Download-Bereich Trainingsaufgaben zu den einzelnen Rechenarten. Wir bieten dort unterschiedliche Schwierigkeitsgrade an, so dass du je nach Trainingsstand immer neue Herausforderungen findest.

Viel Spaß und viel Erfolg wünschen dir

Uli Kißling & Dirk Konnertz

Zusammenfassung

- **Plane deinen Weg zum Rechenkünstler. Überlege erst einmal, was du trainieren bzw. verbessern möchtest.**
- **Lege dann die genaue Marschroute fest – die Meilensteine, die dich zu deinem Ziel führen.**

- **Geh Schritt für Schritt vor und nimm dir nicht zu viel auf einmal vor. Erst wenn du einen Meilenstein zu 100% erreicht hast, kannst du den nächsten in Angriff nehmen.**
- **Führe ein Trainingstagebuch. So hast du einen guten Überblick über das, was du bereits geübt hast und kannst deine Erfolge kontrollieren.**

Lösungen

Aufgabe 1 (Seite 80)

1.200 x 900 = 1.080.000   1.245 x 897 = 1.116.765

Basic-Test 1 (Seite 84)

1) 42 2) 32 3) 39 4) 66 5) 7 6) 54 7) 34 8) 45 9) 9 10) 35 11) 7 12) 9 13) 74 14) 91 15) 72 16) 56 17) 77 18) 23 19) 6 20) 35 21) 65 22) 15 23) 8 24) 24 25) 67 26) 6 27) 9 28) 24 29) 36 30) 8 31) 52 32) 72

Basic-Test 2 (Seite 88)

1) 79 2) 83 3) 58 4) 18 5) 26 6) 39 7) 52 8) 94 9) 50 10) 120 11) 45 12) 60 13) 80 14) 84 15) 99 16) 76 17) 54 18) 57 19) 44 20) 20 21) 32 22) 30 23) 0 24) 0

Basic-Test 3 (Seite 91)

1) sk 2) l 3) sh 4) d 5) zs 6) ld 7) l 8) e 9) h 10) lh 11) b 12) d 13) s 14) s 15) sa 16) sl

Aufgabe 2 (Seiten 94/95)

1) b 2) a 3) b 4) c 5) a 6) c

Aufgabe 3 (Seite 98)

Das sind 1 + 9, 2 + 8, 3 + 7, 4 + 6 und 5 + 5.

Aufgabe 4 (Seite 99)

Das sind 1 + 1 + 8, 1 + 2 + 7, 1 + 3 + 6, 1 + 4 + 5, 2 + 2 + 6, 2 + 3 + 5, 2 + 4 + 4 und 3 + 3 + 4.

Aufgabe 5 (Seite 101)

Das Ergebnis lautet 3.303.

Aufgabe 6 (Seite 103)

1) 90, 900, 9.000 2) 120, 1.200, 12.000 3) 180, 1.800, 18.000 4) 85, 850, 8.500 5) 145, 1.450, 14.500 6) 165, 1.650, 16.500.

Aufgabe 7 (Seite 104)

1) 14 mal 19 gleich 23, 230 plus 36. Das Ergebnis lautet 266.
2) 16 mal 17 gleich 23, 230 plus 42. Das Ergebnis lautet 272.
3) 13 mal 18 gleich 21, 210 plus 24. Das Ergebnis lautet 234.
4) 17 mal 18 gleich 25, 250 plus 56. Das Ergebnis lautet 306.
5) 12 mal 19 gleich 21, 210 plus 18. Das Ergebnis lautet 228.

Aufgabe 8 (Seite 105)

1) 22 mal 22 gleich 24 mal 2 mal 10, 480 plus 2 mal 2 gleich 4. Das Ergebnis lautet 484.
2) 33 x 33 = 1.089 3) 44 x 44 = 1.936 4) 55 x 55 = 3.025
5) 66 x 66 = 4.356 6) 77 x 77 = 5.929 7) 88 x 88 = 7.744
8) 99 x 99 = 9.801

Aufgabe 9 (Seite 106)

Eine Zahl wird durch 10.000 geteilt, indem das Komma um vier Stellen nach vorne verschoben wird.
Beispiel: 43.021 : 10.000 = 43.021,0 : 10.000 = 4,3021
Eine Zahl wird durch 100.000 geteilt, indem das Komma um fünf Stellen nach vorne verschoben wird.
Beispiel: 72.245 : 100.000 = 72.245,0 : 100.000 = 0,72245

Aufgabe 10 (Seite 107)

1) 17,2 2) 32,8 3) 85,4 4) 1.126,8 5) 225,36 6) 112,68
7) 45,072

Aufgabe 11 (Seite 109)

375 ist 5 mal 75 und 75 ist 5 mal 15 und 15 ist 5 mal 3.
Schritt 1: 282.375 : 5 = 56.475
Schritt 2: 56.475 : 5 = 11.295
Schritt 3: 11.295: 5 = 2.259
Schritt 4 : 2.259 : 3 = 753

Empfehlenswerte Bücher

Borchers, Jürgen & Köchel, Burghard:
Mathe: gut!, Kopfrechnen, Aufgabensammlung 5./6.
Braunschweig: Westermann Schulbuchverlag 2001

Enzensberger, Hans Magnus:
Der Zahlenteufel
München: Carl Hanser Verlag 1997

Gemmer, Björn:
Konzentration – fit in 30 Minuten
Offenbach: GABAL Verlag 2001

Gemmer, Björn:
Kreativität – fit in 30 Minuten
Offenbach: GABAL Verlag 2002

Kißling, Uli & Gervais, Peter:
Durchstarten in Mathematik für die 4. Klasse
Linz: Veritas Verlag 1997

Krämer, Ulla & Mühle, Hannelore:
Das große Buch der Mathespiele
Mülheim: Verlag an der Ruhr 1998

Sauer, Christiane & Konnertz, Dirk:
Power-Gedächtnis – fit in 30 Minuten
Offenbach: GABAL Verlag 2000

Stichwortregister